普通高校计算机类应用型
本科系列规划教材

应用离散数学

主　编　陈国龙　陈黎黎
副主编　谢士春　国红军　张海洋　刘　钢

Applied Discrete Mathematics

中国科学技术大学出版社

内 容 简 介

本书共分为 8 章，主要介绍离散数学的基本原理、具体方法和应用，内容包括命题逻辑、谓词逻辑、集合、二元关系和函数、图论和代数系统的相关知识等。取材侧重于介绍典型离散结构以及如何建立离散结构的数学模型，或如何将已用连续数量关系建立起来的数学模型离散化，从而使其可由计算机处理。每章后都精选了适量的难易不同的习题供读者进行自测。

本书可作为高等院校计算机科学与技术、软件工程、网络工程、信息管理与信息系统、物联网工程、数学与应用数学等专业本科生教材，也可作为相关专业教学、科研和工程技术人员的参考资料。

图书在版编目(CIP)数据

应用离散数学/陈国龙，陈黎黎主编. —合肥：中国科学技术大学出版社，2016.8(2022.1 重印)

ISBN 978-7-312-04003-0

Ⅰ.应…　Ⅱ.①陈…②陈…　Ⅲ.离散数学—高等学校—教材　Ⅳ.O158

中国版本图书馆 CIP 数据核字(2016)第 149978 号

出版　中国科学技术大学出版社
安徽省合肥市金寨路 96 号，230026
http://press.ustc.edu.cn
https://zgkxjsdxcbs.tmall.com

印刷　安徽省瑞隆印务有限公司

发行　中国科学技术大学出版社

经销　全国新华书店

开本　787 mm×1092 mm　1/16

印张　10

字数　237 千

版次　2016 年 8 月第 1 版

印次　2022 年 1 月第 3 次印刷

定价　28.00 元

前　言

离散数学是现代数学的一个重要分支，也是计算机、信息技术等专业的核心基础课。它是一门研究离散量的数学结构、性质和关系的工具性学科。它与计算机科学中的数据结构、操作系统、编译理论、算法分析、逻辑设计等课程联系密切。

本书是在我们编写的《离散数学》讲义的基础上，结合计算机科学和现代数学发展的最新成果，以及多位作者多年来从事离散数学课程的教学经验和应用型本科高校学生的实际情况，听取了广大学生对该课程的意见后编写的。

本书共分为 8 章，内容包括离散数学 4 大分支的基础理论，即数理逻辑、集合论、图论和代数系统 4 个部分。数理逻辑部分包括第 1 章命题逻辑和第 2 章谓词逻辑，该部分构造了一套符号化体系，用以描述集合、关系、函数中的相关概念。集合论部分包括第 3 章集合和第 4 章二元关系和函数，其中的关系是集合中笛卡儿乘积的子集，函数是关系的子集。图论部分包括第 5 章图和第 6 章特殊图，从中可以看出图本质上就是一类特殊的代数系统。代数系统部分包括第 7 章代数运算及其性质和第 8 章代数系统基础，该部分描述了半群、群、子群、循环群、置换群、环和域一些典型的代数系统，从中可以看出，代数系统是带有代数运算的集合。由此可见，本书 4 个部分的内容既自成理论体系，又密切联系，读者在学习的过程中要注意树立体系意识，然后从整体到局部把握全书内容。

本书在编写上力求做到内容丰富、条理清晰、层次分明、深入浅出，每个概念都阐述清晰，每个定理都证明透彻，每道例题和习题都精心设计，以近于公理化、模式化的逻辑体系呈现给读者，展示明确的学习范围、目标、步骤、方法和方向，为广大读者打开离散数学这扇神秘的大门。

本书由宿州学院陈国龙、陈黎黎任主编，谢士春、国红军、张海洋、刘钢任副主编。其中第 1 章由国红军编写，第 2 章～第 4 章由陈黎黎编写，第 5 章～第 6 章由谢士春编写，第 7 章～第 8 章由张海洋和刘钢编写。陈国龙教授对书稿进行了认真的审阅，并提出了宝贵的修改意见。本书参阅了许多国内外离散数学教材和专著，在此对相关作者表示感谢。

由于受编者的学识水平所限，书中难免存在错误及不妥之处，恳请读者批评指正。

编　者

2016 年 5 月于宿州学院

目　录

第2部分 集合论

第3部分　图论

第4部分 代数系统

第1部分
数理逻辑

第1章　命 题 逻 辑

离散数学是现代数学的一个重要分支，是计算机科学中基础理论的核心。它形成于20世纪70年代初期，是随着计算机科学的发展逐步建立起来的一门工具科学。

离散数学以研究离散量的结构和相互间的关系为主要目标，其研究对象一般是有限个或可数个元素，充分描述计算机科学离散性的特点。它与计算机科学中的数据结构、操作系统、编译理论、算法分析、逻辑设计、系统结构、容错诊断、机器定论证明等课程联系密切。

离散数学的研究内容主要包括：数理逻辑、集合论、图论和代数系统4大部分。其中数理逻辑用数学的方法（即引进一套符号体系的方法）来研究推理的规律，所以又称符号逻辑。其基本内容为命题逻辑和谓词逻辑。

1.1　命题和连接词

1.1.1　命题及其表示法

数理逻辑研究的中心问题是推理，而推理的前提和结论都是表达判断的陈述句，因而，表达判断的陈述句构成了推理的基本单位。于是，人们把能够判断真假的陈述句称为**命题**。一个命题总有一个**真值**。真值只有真和假两种，记为True（真）和False（假），分别用T（或1）和F（或0）表示。所以具有（唯一）真值的陈述句才是命题，无所谓真假的句子如感叹句、疑问句、祈使句或具有二义性的陈述句等都不能作为命题。

【例1.1】　判断下列句子中哪些是命题，并指出命题的真值。

（1）北京是中国的首都。

（2）7能被2整除。

（3）$2+5=7$。

（4）今天的天气真好啊！

（5）明天下午开会吗？

（6）请关门！

（7）$x+y>0$。

（8）明年的1月10日是晴天。

（9）太阳系以外的星球上也有生物。

(10) $1+101=110$。

(11) 我正在说谎。

解 (1) 是命题,真值为真。

(2) 是命题,真值为假。

(3) 是命题,真值为真。

(4)、(5)、(6) 分别为感叹句、疑问句和祈使句,因此它们都不是命题。

(7) 不是命题,因为它没有确定的真值。例如,当 $x=1,y=1$ 时,$x+y>0$ 成立;当 $x=-1,y=-1$ 时,$x+y>0$ 不成立。

(8) 是命题,其真值是唯一的,只是暂时还不知道真值,但是到了明年的1月10日就知道了。

(9) 是命题,虽然限于人类现在的认知能力,我们还无法确定其真值,但从事物的本质而论,它本身是有真假可言的,其真值是客观存在且是唯一的。

(10) 不是命题,在二进制中为真,在十进制中为假。

(11) 不是命题,因为如果说话者在说假话,那么"我正在说谎"就与事实相背,说话者说的就是实话;如果说话者在说实话,那么"我正在说谎"就与事实相符,说话者说的就是谎话。前提的真值无论假设为真还是为假,总会由前提得到一个与之矛盾的结论,这就是一个悖论(paradox)。

由以上分析可以看出,判断一个句子是否为命题的标准是:先看它是否为陈述句,再判断其真值是否唯一(注意真值是否唯一与我们是否知道它的真值是两回事)。

命题有两种类型:

(1) 不能分解为更简单的陈述句的命题——**原子命题**(或称为简单命题);

(2) 由连接词、标点符号和原子命题复合而成的命题——**复合命题**。例如:"我学英语,或者学俄语。"

所有这些命题都应具有确定的真值。

在本书中,常用大写英文字母或带下标的大写英文字母如:P、Q、P_i、Q_i 等表示原子命题。表示命题的符号称为**命题标识符**,将命题标识符放在该命题前面称为**命题符号化**。

例如:P:2是素数;Q:如果天气好,那么我就去散步。

一个命题标识符如果表示确定的命题,则称为**命题常元**;如果命题标识符只表示任意命题的位置标志就称为**命题变元**。当命题变元表示原子命题时,该命题称为**原子变元**。

注:因为命题变元可以是任意命题,不能确定它的真值,故命题变元不是命题。当命题变元 P 用一个特定的命题取代时,P 才能有确定的值,这时也称对 P 进行**指派**。

【例1.2】 将下列命题符号化。

(1) 6不是奇数。

(2) $2+2=4$ 且3是偶数。

(3) 小张是山东人或者河北人。

(4) 如果角 A 和角 B 是对顶角,则角 A 等于角 B。

解 上面的4个句子是具有唯一真值的陈述句,它们都是命题,且都是由连接词、标点符号和原子命题复合而成的复合命题。

(1) 中使用了连接词"不"。令 P:6是奇数。则 $\neg P$:6不是奇数。

(2) 中使用了连接词“且”。令 P:2+2=4;Q:3 是偶数。则 $P\wedge Q$:2+2=4 且 3 是偶数。

(3) 中使用了连接词“或者”。令 P:小张是山东人;Q:小张是河北人。则 $P\vee Q$:小张是山东人或者河北人。

(4) 中使用了连接词“如果……则……”。令 P:角 A 和角 B 是对顶角;Q:角 A 等于角 B。则 $P\rightarrow Q$:如果角 A 和角 B 是对顶角,则角 A 等于角 B。

除了以上 4 个连接词之外,在自然语言中还经常使用“但是”“只有……才”“除非”等连接词。在数理逻辑的复合命题表示中,为了便于书写和进行推演,必须对连接词做出明确的规定并且符号化。下面给出 5 种常用的连接词。

1.1.2 连接词

1. 否定(¬)

定义 1.1 设 P 为任一命题,复合命题“非 P”(或“P 的否定”)称为 P 的否定式,记作 $\neg P$,¬ 称为否定连接词。

若 P 为真(T),$\neg P$ 为假(F);若 P 为假(F),$\neg P$ 为真(T)(表 1.1)。

例如:P:3 是偶数;$\neg P$:3 不是偶数。

表 1.1 否定式的真假

P	$\neg P$
T	F
F	T

2. 合取(∧)

定义 1.2 P 和 Q 为两个命题,复合命题“P 并且 Q”称为 P 与 Q 的合取式,记作 $P\wedge Q$。

当且仅当 P、Q 同时为真(T)时,$P\wedge Q$ 为真(T);其他情况 $P\wedge Q$ 为假(F)(表 1.2)。

表 1.2 合取式的真假

P	Q	$P\wedge Q$
T	T	T
T	F	F
F	T	F
F	F	F

在自然语言中,“并且”“不但……而且……”“既……又……”“虽然……但是……”等均可由合取连接词表示。例如:P:小王会唱歌;Q:小王会跳舞;$P\wedge Q$:小王既会唱歌也会跳舞。

3. 析取(∨)

定义 1.3 P 和 Q 为两个命题,复合命题“P 或者 Q”称为 P 与 Q 的析取式,记作

$P \vee Q$。

当且仅当 P、Q 同时为假(F)时,$P \vee Q$ 为假(F);其他情况 $P \vee Q$ 为真(T)(表 1.3)。

表 1.3　析取式的真假

P	Q	$P \vee Q$
T	T	T
T	F	T
F	T	T
F	F	F

从析取式的定义可以看出,连接词"∨(或)"与汉语中的"或"意义不完全相同。因为汉语的"或"可分为"排斥或""可兼或"两种,而"∨"表示"可兼或"。例如:

(1) 今天上午第一节课上英语或者数学——排斥或。不能符号化为 $P \vee Q$ 的形式,但可以借助连接词¬、∧、∨共同来表达这种排斥或,即符号化为 $(P \wedge \neg Q) \vee (\neg P \wedge Q)$,或者 $(P \vee Q) \wedge \neg(P \wedge Q)$。

(2) 他可能是 100 米或 400 米赛跑的冠军——可兼或。可直接符号化为 $P \vee Q$。

4. 蕴含(→)

定义 1.4　P 和 Q 为两个命题,复合命题"如果 P,那么 Q"(或"若 P 则 Q")称为 P 与 Q 的蕴含式,记作 $P \rightarrow Q$。称 P 为蕴含式的前件,Q 为蕴含式的后件。

$P \rightarrow Q$ 为假(F)当且仅当 P 为真(T)且 Q 为假(F)(表 1.4)。

表 1.4　蕴含式的真假

P	Q	$P \rightarrow Q$
T	T	T
T	F	F
F	T	T
F	F	T

自然语言中的"如果……那么……"之间常有因果关系,否则就没有意义,但对命题 $P \rightarrow Q$ 来说,只要 P、Q 分别有确定的真值,$P \rightarrow Q$ 即成为命题。例如:

(1) P:某动物为哺乳动物;Q:某动物为胎生。如果某动物为哺乳动物,那么它必是胎生。可符号化为 $P \rightarrow Q$。

(2) S:雪是黑的;R:太阳从西边出来。如果雪是黑的,那么太阳从西边出来。可符号化为 $S \rightarrow R$。

自然语言的"如果……那么……",当前提为假时,结论不管真假,此语句的意义往往无法判断。而在数理逻辑的蕴含式中,规定为"善意的推定",即前提为假时,条件命题的真值为真。

5. 等价(↔)

定义 1.5　P 和 Q 为两个命题,复合命题"P 当且仅当 Q"称为 P 与 Q 的等价式,记

作 $P \leftrightarrow Q$。

$P \leftrightarrow Q$ 的真值为真(T)当且仅当 P 与 Q 的真值相同(表 1.5)。

表 1.5　等价式的真假

P	Q	$P \leftrightarrow Q$
T	T	T
T	F	F
F	T	F
F	F	T

例如:两个三角形全等,当且仅当它们的三组对应边相等;燕子飞回南方,春天来了;$2+2=4$ 当且仅当雪是白的。以上三例都可以用等价连接词来表示,将它们符号化为 $P \leftrightarrow Q$。且对于 $P \leftrightarrow Q$,可以不顾 P 与 Q 的因果联系,而只根据连接词的定义来确定命题的真值。

以上五种常用连接词也可以称为真值连接词或逻辑连接词。在命题逻辑中,可用这些连接词将各种复合命题符号化。基本步骤为:

(1) 分析出各简单命题,将它们符号化。

(2) 使用恰当的连接词,把简单命题联结起来,组成复合命题的符号化表示。

【例 1.3】 将下列命题符号化。

(1) 小王能歌善舞。

(2) T162 次列车在下午 3 点或 4 点开车。

(3) 如果张三和李四都不去开会,我就不去了。

(4) 我们不能既划船又跑步。

(5) 如果你来了,那么他唱不唱歌将看你是否伴奏。

(6) 假如上午不下雨,我去看电影,否则就在家里读书或看报。

(7) 我今天进城,除非下雨。

(8) 仅当你走我将留下。

解　(1) 令 P:小王会唱歌;Q:小王会跳舞。

则 $P \wedge Q$: 小王能歌善舞。

(2) 令 P:T162 次列车在下午 3 点开车;Q:T162 次列车在下午 4 点开车。

则$(P \wedge \neg Q) \vee (\neg P \wedge Q)$或者$(P \vee Q) \wedge \neg(P \wedge Q)$:T162 次列车在下午 3 点或 4 点开车。

(3) 令 P:张三去开会;Q:李四去开会;R:我去开会。

则$(\neg P \wedge \neg Q) \rightarrow \neg R$:如果张三和李四都不去开会,我就不去了。

(4) 令 P:我们划船;Q:我们跑步。

则$\neg(P \wedge Q)$:我们不能既划船又跑步。

(5) 令 P:你来了;Q:他唱歌;R:你伴奏。

则 $P \rightarrow (Q \leftrightarrow R)$:如果你来了,那么他唱不唱歌将看你是否伴奏。

(6) 令 P:上午下雨;Q:我去看电影;R:我在家读书;S:我在家看报。

则$(\neg P\rightarrow Q)\wedge(P\rightarrow(R\vee S))$:假如上午不下雨,我去看电影,否则就在家里读书或看报。

(7) 令 P:我今天进城;Q:今天下雨。

则$\neg Q\rightarrow P$:我今天进城,除非下雨。

(8) 令 P:你走;Q:我留。

则 $Q\rightarrow P$:仅当你走我将留下。

1.2 命题公式和真值表

1.2.1 命题公式

在复合命题中,P、Q、R 等不仅可以代表命题常元,还可以代表命题变元,这样的复合命题形式称为**命题公式**。抽象地说,命题公式是由命题常元、命题变元、连接词、括号等组成的符号串,但并不是由命题变元、连接词和一些括号组成的字符串都是命题公式。下面给出命题公式的定义。

定义 1.6 命题逻辑的命题公式,规定为:

(1) 单个的命题常元或命题变元 P、Q、R、…、P_i、Q_i、R_i、…、0、1 是合式公式。

(2) 如果 A 是合式公式,那么$\neg A$ 是合式公式。

(3) 如果 A 和 B 是合式公式,那么$(A\wedge B)$、$(A\vee B)$、$(A\rightarrow B)$、$(A\leftrightarrow B)$都是合式公式。

(4) 当且仅当有限次应用(1)~(3)所得的包含命题变元、连接词和括号的符号串是合式公式。

这是以递归形式给出的合式公式的定义,其中(1)称为基础,(2)和(3)称为归纳,(4)称为界限。合式公式又称为命题公式,简称公式。

例如:$\neg(P\wedge Q)$、$\neg(P\rightarrow Q)$、$((P\rightarrow Q)\rightarrow(R\rightarrow S))$、$(((P\rightarrow Q)\wedge(Q\rightarrow R))\leftrightarrow(S\leftrightarrow M))$都是命题公式(为减少括号数量,约定:最外层圆括号可以省略);$(P\rightarrow Q)\rightarrow(\wedge Q\rightarrow S)$、$(P\rightarrow Q\neg R\wedge T)\rightarrow S)$等都不是命题公式。

如果规定连接词运算的优先次序为$\neg$、$\wedge$、$\vee$、$\rightarrow$、$\leftrightarrow$,则 $P\wedge Q\rightarrow R$ 是命题公式。

有了连接词的命题公式的概念,就可以把自然语言中的有些语句翻译成数理逻辑中的符号形式。但应注意,命题公式没有真假值,仅当公式中的命题变元用确定的命题代入时,才得到一个命题。这个命题的真值依赖于代换变元的那些命题的真值。

例如:(1) 他既聪明,又用功。

(2) 他虽然聪明,但不用功。

假设 P:他聪明; Q:他用功。

则(1)可记为:$P\wedge Q$;(2) 可记为:$P\wedge\neg Q$。

(3) 除非你努力,否则你将失败。(其意思是:如果你不努力,则你将失败。)

假设 P：你努力；Q：你失败。

则(3)可记为：$\neg P \rightarrow Q$。

(4) K1427 次列车在下午 2 点 30 分或 3 点 30 分开。

假设 P：K1427 次列车在下午 2 点 30 分开；Q：K1427 次列车在下午 3 点 30 分开。

汉语的"或"是"不可兼或"，而逻辑连接词"$\vee$"是"可兼或"，因此不能直接对两个简单命题进行析取，可表达为：$(P \wedge \neg Q) \vee (\neg P \wedge Q)$。除此之外，也可以采用列表(表 1.6)的方法对原命题进行符号化。

表 1.6　原命题的符号化

P	Q	原命题	$P\leftrightarrow Q$	$\neg(P\leftrightarrow Q)$
T	T	F	T	F
T	F	T	F	T
F	T	T	F	T
F	F	F	T	F

由上述表可以看出，本命题也可表达为：$\neg(P\leftrightarrow Q)$。

1.2.2　真值表

定义 1.7　假设 A 为某一命题公式，P_1、P_2、…、P_n 为出现在命题公式 A 中的所有命题变元。对 P_1、P_2、…、P_n 指定一组真值，称为对公式 A 进行一组**赋值**或**解释**。若该组赋值使命题公式 A 的真值为真(假)，则此赋值为 A 的**成真赋值**(**成假赋值**)。在命题公式中，对每个命题变元指派真值的各种可能的组合，就确定了这个命题公式的各种真值情况，把它汇列成表即为命题公式的**真值表**。

在真值表中，命题公式真值的取值数目取决于此命题公式中所有的命题变元的个数。一般地，n 个命题变元组成的命题公式，共有 2^n 种解释，从而真值表有 2^n 行。

【例 1.4】　求下列命题公式的真值表。

(1) $P \wedge (Q \vee \neg R)$。

(2) $(P \rightarrow Q) \vee P$。

(3) $\neg(P \rightarrow Q) \wedge Q \wedge R$。

解　命题公式(1)～(3)的真值表分别如表 1.7、表 1.8、表 1.9 所示。

表 1.7　$P \wedge (Q \vee \neg R)$的真值表

P	Q	R	$\neg R$	$Q \vee \neg R$	$P \wedge (Q \vee \neg R)$
T	T	T	F	T	T
T	T	F	T	T	T
T	F	T	F	F	F
T	F	F	T	T	T

续表

P	Q	R	$\neg R$	$Q \vee \neg R$	$P \wedge (Q \vee \neg R)$
F	T	T	F	T	F
F	T	F	T	T	F
F	F	T	F	F	F
F	F	F	T	T	F

表 1.8 $(P \rightarrow Q) \vee P$ 的真值表

P	Q	$P \rightarrow Q$	$(P \rightarrow Q) \vee P$
T	T	T	T
T	F	F	T
F	T	T	T
F	F	T	T

表 1.9 $\neg (P \rightarrow Q) \wedge Q \wedge R$ 的真值表

P	Q	R	$\neg (P \rightarrow Q)$	$\neg (P \rightarrow Q) \wedge Q$	$\neg (P \rightarrow Q) \wedge Q \wedge R$
T	T	T	F	F	F
T	T	F	F	F	F
T	F	T	T	F	F
T	F	F	T	F	F
F	T	T	F	F	F
F	T	F	F	F	F
F	F	T	F	F	F
F	F	F	F	F	F

1.2.3 命题公式的类型

定义 1.8 给定一个命题公式 A：

(1) 若 A 在所有解释下的真值均为真，则称 A 为**重言式或永真式**。

(2) 若 A 在所有解释下的真值均为假，则称 A 为**矛盾式或永假式**。

(3) 若 A 至少存在一组赋值是成真赋值，则称 A 为**可满足式**。

由例 1.4 的真值表可知，$P \wedge (Q \vee \neg R)$、$(P \rightarrow Q) \vee P$、$\neg (P \rightarrow Q) \wedge Q \wedge R$ 分别为可满足式、重言式、矛盾式。

注：重言式一定是可满足式，但可满足式不一定是重言式。在一个重言式中，将每一处的某个命题变元都用一个命题公式代替，所得公式仍为重言式。在一个矛盾式中，将每一处的某个命题变元都用一个命题公式代替，所得公式仍为矛盾式。

【例 1.5】 有一个逻辑学家误入了某个部落，被拘禁于牢狱中。酋长意欲放行，他对逻辑学家说："今有两门，一为自由，一为死亡，你可以任意开启一门。为协助你逃脱，今派两名战士负责解答你提出的任何问题。唯可虑者，此两战士中一名天性诚实，一名说谎成性，今后生死由你自己选择。"逻辑学家沉思片刻，即向一战士发问，然后开门从容离去。请问逻辑学家是怎样发问的？

解 逻辑学家手指一门问旁边的战士说："这扇门是死亡门，他（指另一名战士）将回答'是'，对吗？"当被问战士回答"对"，则逻辑学家开启所指的门从容离去；当被问战士回答"错"，则逻辑学家开启另一扇门从容离去。

我们来分析一下上面的结果是否正确，分以下几种情况分别讨论：

(1) 如果被问者是天性诚实的战士，他回答"对"，则另一名战士是说谎成性的战士，且他的回答一定是"是"。所以这扇门不是死亡门。

(2) 如果被问者是天性诚实的战士，他回答"错"，则另一名战士是说谎成性的战士，且他的回答一定是"不是"。所以这扇门是死亡门。

(3) 如果被问者是说谎成性的战士，他回答"对"，则另一名战士是天性诚实的战士，且他的回答一定是"不是"。所以这扇门不是死亡门。

(4) 如果被问者是说谎成性的战士，他回答"错"，则另一名战士是天性诚实的战士，且他的回答一定是"是"。所以这扇门是死亡门。

从上面的分析可以看出，当被问战士回答"对"时，所指的门不是死亡门；当被问战士回答"错"时，所指的门是死亡门。我们可以用 P 表示被问战士是诚实人，用 Q 表示被问战士回答"是"，用 R 表示另一名战士回答"是"，用 S 表示所指的门是死亡门，则根据以上分析有如下所示的真值表（表 1.10）。

表 1.10　判断死亡门的真值表

P	Q	R	S
T	T	T	F
T	F	F	T
F	T	F	F
F	F	T	T

这里，R 和 S 都不是独立的命题变元，可以看成命题 P、Q 的逻辑表达式，即 $R=(\neg P\wedge\neg Q)\vee(P\wedge Q)$、$S=(\neg P\wedge\neg Q)\vee(P\wedge\neg Q)$。观察真值表可知：$S$ 与 $\neg Q$ 的真值相同，即被问者回答"对"时，此门不是死亡门；否则此门是死亡门。

1.3 等值演算

定义 1.9 设 A 和 B 为两个命题公式，若等价式 $A\leftrightarrow B$ 是重言式，则称 A 与 B 是**等值的**，记作 $A\Leftrightarrow B$。

关于等值,亦可按如下定义:给定两个命题公式 A 和 B,设 P_1、P_2、…、P_n 为所有出现于 A 和 B 中的命题变元,若给 P_1、P_2、…、P_n 的任一组真值指派,A 和 B 的真值都相同,则称 A 和 B 是**等值**的或**逻辑相等**的,记作 $A \Leftrightarrow B$。

注:$\Leftrightarrow$不是连接词,它是 A 与 B 等值的一种简记法,不要将$\Leftrightarrow$与$\leftrightarrow$或者 = 混为一谈。判断 A 与 B 是否等值,即判断 A、B 的真值表是否相同。

【例 1.6】 判断下列命题公式是否等值。

(1) $\neg(P \vee Q)$与$\neg P \vee \neg Q$。

(2) $\neg(P \vee Q)$与$\neg P \wedge \neg Q$。

(3) $P \to Q$ 与$\neg P \vee Q$。

解 (1)如表 1.11 所示。

表 1.11

P	Q	$\neg(P \vee Q)$	$\neg P \vee \neg Q$
T	T	F	F
T	F	F	T
F	T	F	T
F	F	T	T

由表 1.11 可知,$\neg(P \vee Q)$与$\neg P \vee \neg Q$ 不等值。

(2) 如表 1.12 所示。

表 1.12

P	Q	$\neg(P \vee Q)$	$\neg P \wedge \neg Q$
T	T	F	F
T	F	F	F
F	T	F	F
F	F	T	T

由表 1.12 可知,$\neg(P \vee Q)$与$\neg P \wedge \neg Q$ 等值。

(3) 如表 1.13 所示。

表 1.13

P	Q	$P \to Q$	$\neg P \vee Q$
T	T	T	T
T	F	F	F
F	T	T	T
F	F	T	T

由表 1.13 可知,$P \to Q$ 与$\neg P \vee Q$ 等值。

除了上述例题中的等值式以外,还可以用真值表法验证许多的等值式,其中有些等值式是十分重要的，它们通常是数理逻辑的重要组成部分。下面给出等值演算中经常用到的基本等值式，其中 A、B、C 代表任意的命题公式。

表 1.14　常见的等值式

名称	等值式	序号
双重否定律（对合律）	$\neg\neg A \Leftrightarrow A$	1
等幂律（幂等律）	$A \vee A \Leftrightarrow A, A \wedge A \Leftrightarrow A$	2,3
交换律	$A \vee B \Leftrightarrow B \vee A, A \wedge B \Leftrightarrow B \wedge A$	4,5
结合律	$(A \vee B) \vee C \Leftrightarrow A \vee (B \vee C)$ $(A \wedge B) \wedge C \Leftrightarrow A \wedge (B \wedge C)$	6,7
分配律	$A \vee (B \wedge C) \Leftrightarrow (A \vee B) \wedge (A \vee C)$ $A \wedge (B \vee C) \Leftrightarrow (A \wedge B) \vee (A \wedge C)$	8,9
德·摩根律	$\neg(A \vee B) \Leftrightarrow \neg A \wedge \neg B$ $\neg(A \wedge B) \Leftrightarrow \neg A \vee \neg B$	10,11
吸收律	$A \vee (A \wedge B) \Leftrightarrow A$ $A \wedge (A \vee B) \Leftrightarrow A$	12,13
零律	$A \vee T \Leftrightarrow T$ $A \wedge F \Leftrightarrow F$	14,15
同一律	$A \vee F \Leftrightarrow A$ $A \wedge T \Leftrightarrow A$	16,17
否定律	排中律 $A \vee \neg A \Leftrightarrow T$ 矛盾律 $A \wedge \neg A \Leftrightarrow F$	18,19
蕴含等值式	$A \rightarrow B \Leftrightarrow \neg A \vee B$	20
等价等值式	$A \leftrightarrow B \Leftrightarrow (A \rightarrow B) \wedge (B \rightarrow A)$	21
假言易位	$A \rightarrow B \Leftrightarrow \neg B \rightarrow \neg A$	22
等价否定等值式	$A \leftrightarrow B \Leftrightarrow \neg A \leftrightarrow \neg B$	23
归谬论	$(A \rightarrow B) \wedge (A \rightarrow \neg B) \Leftrightarrow \neg A$	24

在等值演算的过程中，除了上面的基本等值公式外，还经常会用到下面的置换规则。

定理 1.1（置换规则）　设 $\phi(A)$ 是含命题公式 A 的命题公式，$\phi(B)$ 是用命题公式 B 置换了 $\phi(A)$ 中的 A（不要求处处置换）之后得到的命题公式。如果 $A \Leftrightarrow B$，则 $\phi(A) \Leftrightarrow \phi(B)$。

证明：因为在相应变元的任一指派情况下，A 与 B 的真值相同，故以 B 取代 A 后，$\phi(B)$ 与 $\phi(A)$ 在相应的指派情况下，其真值必相等，故 $\phi(A) \Leftrightarrow \phi(B)$。

满足定理 1.1 的置换称为等价置换（等价代换）。利用基本等值公式和置换规则，可以化简一些复杂的命题公式，也可以证明两个命题公式等值。

【例 1.7】　用等值演算证明下列等值式。

(1) $P \rightarrow (Q \rightarrow R) \Leftrightarrow (P \wedge Q) \rightarrow R$。

(2) $\neg(P \leftrightarrow Q) \Leftrightarrow (P \vee Q) \wedge \neg(P \wedge Q)$。

(3) $(P \wedge Q) \vee (P \wedge \neg Q) \Leftrightarrow P$。

证明:(1) $P\to(Q\to R)$

$\Leftrightarrow\neg P\vee(Q\to R)$ 蕴含等值式

$\Leftrightarrow\neg P\vee(\neg Q\vee R)$ 蕴含等值式

$\Leftrightarrow(\neg P\vee\neg Q)\vee R$ 结合律

$\Leftrightarrow\neg(P\wedge Q)\vee R$ 德·摩根律

$\Leftrightarrow(P\wedge Q)\to R$ 蕴含等值式

(2) $\neg(P\leftrightarrow Q)$

$\Leftrightarrow\neg((P\to Q)\wedge(Q\to P))$ 等价等值式

$\Leftrightarrow\neg((\neg P\vee Q)\wedge(\neg Q\vee P))$ 蕴含等值式

$\Leftrightarrow\neg(\neg P\vee Q)\vee\neg(\neg Q\vee P)$ 德·摩根律

$\Leftrightarrow(P\wedge\neg Q)\vee(Q\wedge\neg P)$ 双重否定律 德·摩根律

$\Leftrightarrow(P\vee(Q\wedge\neg P))\wedge(\neg Q\vee(Q\wedge\neg P))$ 分配律

$\Leftrightarrow(P\vee Q)\wedge(P\vee\neg P)\wedge(\neg Q\vee Q)\wedge(\neg Q\vee\neg P)$ 分配律

$\Leftrightarrow(P\vee Q)\wedge T\wedge T\wedge(\neg Q\vee\neg P)$ 排中律

$\Leftrightarrow(P\vee Q)\wedge(\neg Q\vee\neg P)$ 同一律

$\Leftrightarrow(P\vee Q)\wedge\neg(P\wedge Q)$ 德·摩根律

(3) $(P\wedge Q)\vee(P\wedge\neg Q)$

$\Leftrightarrow P\wedge(Q\vee\neg Q)$ 分配律

$\Leftrightarrow P\wedge T$ 排中律

$\Leftrightarrow P$ 同一律

【例 1.8】 用等值演算判断下列命题公式的类型。

(1) $(P\to Q)\wedge P\to Q$。

(2) $\neg(P\to Q)\wedge Q$。

(3) $(P\leftrightarrow Q)\to\neg(P\vee Q)$。

解 (1) $(P\to Q)\wedge P\to Q$

$\Leftrightarrow(\neg P\vee Q)\wedge P\to Q$ 蕴含等值式

$\Leftrightarrow(\neg P\wedge P)\vee(Q\wedge P)\to Q$ 分配律

$\Leftrightarrow F\vee(Q\wedge P)\to Q$ 矛盾律

$\Leftrightarrow\neg(Q\wedge P)\vee Q$ 同一律 蕴含等值式

$\Leftrightarrow\neg Q\vee\neg P\vee Q$ 德·摩根律

$\Leftrightarrow\neg Q\vee Q\vee\neg P$ 交换律

$\Leftrightarrow T\vee\neg P$ 排中律

$\Leftrightarrow T$ 零律

由此可知,(1)为重言式。

(2) $\neg(P\to Q)\wedge Q$

$\Leftrightarrow\neg(\neg P\vee Q)\wedge Q$ 蕴含等值式

$\Leftrightarrow P\wedge\neg Q\wedge Q$ 双重否定律

德·摩根律

$\Leftrightarrow P \wedge (\neg Q \wedge Q)$　　结合律

$\Leftrightarrow P \wedge F$　　矛盾律

$\Leftrightarrow F$　　零律

由此可知,(2)为矛盾式。

(3) $(P \leftrightarrow Q) \to \neg (P \vee Q)$

$\Leftrightarrow (P \to Q) \wedge (Q \to P) \to \neg (P \vee Q)$　　等价等值式

$\Leftrightarrow \neg ((\neg P \vee Q) \wedge (\neg Q \vee P)) \vee \neg (P \vee Q)$　　蕴含等值式

$\Leftrightarrow (P \wedge \neg Q) \vee (Q \wedge \neg P) \vee (\neg P \wedge \neg Q)$　　德·摩根律

双重否定律

$\Leftrightarrow (P \wedge \neg Q) \vee (\neg P \wedge (Q \vee \neg Q))$　　结合律、分配律

$\Leftrightarrow (P \wedge \neg Q) \vee (\neg P \wedge T)$　　排中律

$\Leftrightarrow (P \wedge \neg Q) \vee \neg P$　　同一律

$\Leftrightarrow (P \vee \neg P) \wedge (\neg Q \vee \neg P)$　　分配律

$\Leftrightarrow T \wedge (\neg Q \vee \neg P)$　　排中律

$\Leftrightarrow \neg Q \vee \neg P$　　同一律

由此可知,(3)为可满足式。

【例 1.9】 利用命题公式的等值演算化简如图 1.1 所示的程序结构。

解 执行 X 的条件为:$(A \wedge B) \vee (\neg A \wedge B)$;执行 Y 的条件为:$(A \wedge \neg B) \vee (\neg A \wedge \neg B)$。

可利用已知的等值式将上述两个公式进行等值演算,分别化简为

$$(A \wedge B) \vee (\neg A \wedge B) \Leftrightarrow (A \vee \neg A) \wedge B \Leftrightarrow B$$

$$(A \wedge \neg B) \vee (\neg A \wedge \neg B) \Leftrightarrow (A \vee \neg A) \wedge \neg B \Leftrightarrow \neg B$$

因此,经等值演算后,这段程序可简化为如图 1.2 所示的结构。

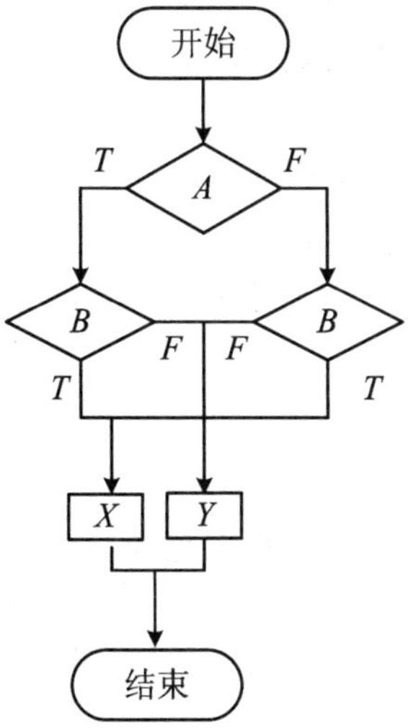

图 1.1　程序结构

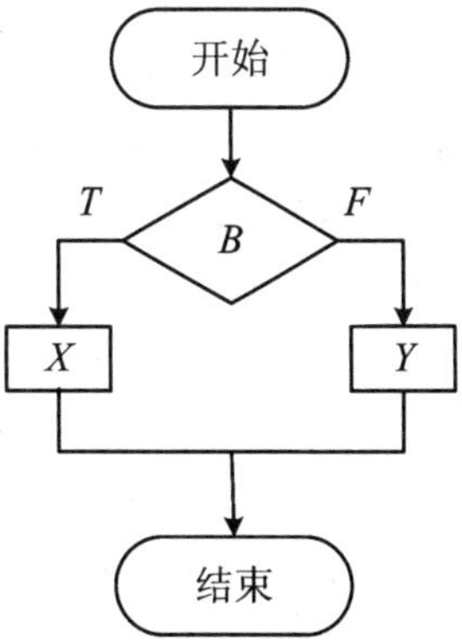

图 1.2　简化的程序结构

1.4 范　　式

一个命题公式经过等值演算，可以变换出若干与之逻辑等值的命题公式。为了把命题公式规范化，下面讨论命题公式的范式问题。

定义 1.10　仅由有限个命题变元或其否定构成的析取式称为**简单析取式**；仅由有限个命题变元或其否定构成的合取式称为**简单合取式**。

例如：P、$\neg P$、$P\vee\neg Q$、$\neg P\vee Q\vee\neg R$ 等都是简单析取式，P、$\neg P$、$P\wedge\neg Q$、$\neg P\wedge Q\wedge\neg R$ 等都是简单合取式。

从定义可以看出：

(1) 一个简单析取式是重言式当且仅当它同时含一个命题变元及其否定。

(2) 一个简单合取式是矛盾式当且仅当它同时含一个命题变元及其否定。

定义 1.11　仅由有限个简单合取式构成的析取式称为**析取范式**；仅由有限个简单析取式构成的合取式称为**合取范式**。

例如：$P\vee Q\vee\neg R$、$\neg P\wedge\neg Q\wedge R$、$\neg P\vee(P\wedge Q)\vee(P\wedge\neg Q\wedge R)$等都是析取范式，$P\vee Q\vee\neg R$、$\neg P\wedge\neg Q\wedge R$、$(P\vee\neg Q\vee R)\wedge(\neg P\vee Q)\wedge\neg Q$ 等都是合取范式。其中，$P\vee Q\vee\neg R$ 既是由 3 个简单合取式构成的析取范式，也是含有 1 个简析取式的合取范式。类似地，$\neg P\wedge\neg Q\wedge R$ 既是含有 1 个简单合取式的析取范式，也是由 3 个简单析取式构成的合取范式。

析取范式和合取范式具有下列性质：

(1) 一个析取范式是矛盾式当且仅当它的每个简单合取式都是矛盾式。

(2) 一个合取范式是重言式当且仅当它的每个简单析取式都是重言式。

定理 1.2(范式存在定理)　任一命题公式都存在着与之等值的析取范式和合取范式。任何一个命题公式，求其合取范式或其析取范式都可以通过以下 3 个步骤进行：

(1) 将公式中的连接词化成 $\neg$、$\wedge$、$\vee$。

(2) 利用德·摩根律将否定符号 $\neg$ 直接移动到各命题变元之前。

(3) 利用分配律、结合律将公式归约为合取范式或析取范式。

【例 1.10】　(1) 求 $P\wedge(Q\rightarrow R)\rightarrow S$ 的析取范式和合取范式。

解　$P\wedge(Q\rightarrow R)\rightarrow S$

$\Leftrightarrow P\wedge(\neg Q\vee R)\rightarrow S$

$\Leftrightarrow\neg(P\wedge(\neg Q\vee R))\vee S$

$\Leftrightarrow\neg P\vee(Q\wedge\neg R)\vee S$　　　　析取范式

$\Leftrightarrow(\neg P\vee S)\vee(Q\wedge\neg R)$

$\Leftrightarrow(\neg P\vee S\vee Q)\wedge(\neg P\vee S\vee\neg R)$　　　　合取范式

(2) 求 $\neg(P\vee Q)\leftrightarrow(P\wedge Q)$的析取范式。

解　方法一　利用 $A\leftrightarrow B\Leftrightarrow(A\wedge B)\vee(\neg A\wedge\neg B)$消去 $\leftrightarrow$ 符号。

$\neg(P\vee Q)\leftrightarrow(P\wedge Q)$

$\Leftrightarrow(\neg(P\vee Q)\wedge(P\wedge Q))\vee((P\vee Q)\wedge\neg(P\wedge Q))$

$\Leftrightarrow(\neg P\wedge\neg Q\wedge P\wedge Q)\vee((P\vee Q)\wedge(\neg P\vee\neg Q))$

$\Leftrightarrow((P\vee Q)\wedge\neg P)\vee((P\vee Q)\wedge\neg Q)$

$\Leftrightarrow(P\wedge\neg P)\vee(Q\wedge\neg P)\vee(P\wedge\neg Q)\vee(Q\wedge\neg Q)$

$\Leftrightarrow(Q\wedge\neg P)\vee(P\wedge\neg Q)$

方法二　利用 $A\leftrightarrow B\Leftrightarrow(A\rightarrow B)\wedge(B\rightarrow A)\Leftrightarrow(\neg A\vee B)\wedge(\neg B\vee A)$消去$\leftrightarrow$符号。

$\neg(P\vee Q)\leftrightarrow(P\wedge Q)$

$\Leftrightarrow((P\vee Q)\vee(P\wedge Q))\wedge(\neg(P\wedge Q)\vee\neg(P\vee Q))$

$\Leftrightarrow(P\vee Q\vee P)\wedge(P\vee Q\vee Q)\wedge(\neg(P\wedge Q)\vee\neg(P\vee Q))$

$\Leftrightarrow(P\vee Q)\wedge(P\vee Q)\wedge(\neg(P\wedge Q)\vee\neg(P\vee Q))$

$\Leftrightarrow((P\vee Q)\wedge\neg(P\wedge Q))\vee((P\vee Q)\wedge\neg(P\vee Q))$

$\Leftrightarrow(P\vee Q)\wedge\neg(P\wedge Q)\Leftrightarrow(P\vee Q)\wedge(\neg P\vee\neg Q)$

$\Leftrightarrow(P\wedge(\neg P\vee\neg Q))\vee(Q\wedge(\neg P\vee\neg Q))$

$\Leftrightarrow(P\wedge\neg P)\vee(P\wedge\neg Q)\vee(Q\wedge\neg P)\vee(Q\wedge\neg Q)$

$\Leftrightarrow(P\wedge\neg Q)\vee(Q\wedge\neg P)$

从上面的步骤可以看出，命题公式的析取范式不是唯一的。对于合取范式也是如此，即范式存在但不唯一。

范式能够帮助人们解决工作和生活中的一些判断问题，下面就是其中的一个例子。

【例 1.11】 某勘探队有 3 名队员，有一天取得了一块矿样，3 人的判断如下：

甲说：这不是铁，也不是铜；

乙说：这不是铁，是锡；

丙说：这不是锡，是铁。

经实验室鉴定后发现，其中一人两个判断都正确，一人判对一半，另一人两个判断全错了。根据以上情况判断矿样的种类。

解　设 P：矿样为铁；Q：矿样为铜；R：矿样为锡。

$M_1\Leftrightarrow$(甲全对)$\wedge$(乙对一半)$\wedge$(丙全错)

$\Leftrightarrow(\neg P\wedge\neg Q)\wedge((\neg P\wedge\neg R)\vee(P\wedge R))\wedge(\neg P\wedge R)$

$\Leftrightarrow(\neg P\wedge\neg Q\wedge\neg P\wedge\neg R\wedge\neg P\wedge R)\vee(\neg P\wedge\neg Q\wedge P\wedge R\wedge\neg P\wedge R)$

$\Leftrightarrow F\vee F\Leftrightarrow F$

$M_2\Leftrightarrow$(甲全对)$\wedge$(乙全错)$\wedge$(丙对一半)

$\Leftrightarrow(\neg P\wedge\neg Q)\wedge(P\wedge\neg R)\wedge((P\wedge R)\vee(\neg P\wedge\neg R))$

$\Leftrightarrow(\neg P\wedge\neg Q\wedge P\wedge\neg R\wedge P\wedge R)\vee(\neg P\wedge\neg Q\wedge P\wedge R\wedge\neg P\wedge\neg R)$

$\Leftrightarrow F\vee F\Leftrightarrow F$

$M_3\Leftrightarrow$(甲对一半)$\wedge$(乙全对)$\wedge$(丙全错)

$\Leftrightarrow((\neg P\wedge Q)\vee(P\wedge\neg Q))\wedge(\neg P\wedge R)\wedge(\neg P\wedge R)$

$\Leftrightarrow(\neg P\wedge Q\wedge\neg P\wedge R\wedge\neg P\wedge R)\vee(P\wedge\neg Q\wedge\neg P\wedge R\wedge\neg P\wedge R)$

$\Leftrightarrow(\neg P\wedge Q\wedge R)\vee 0$

$\Leftrightarrow\neg P\wedge Q\wedge R$

$M_4\Leftrightarrow$(甲对一半)$\wedge$(乙全错)$\wedge$(丙全对)

$\Leftrightarrow((\neg P\wedge Q)\vee(P\wedge\neg Q))\wedge(P\wedge\neg R)\wedge(P\wedge\neg R)$

$\Leftrightarrow(\neg P\wedge Q\wedge P\wedge\neg R\wedge P\wedge\neg R)\vee(P\wedge\neg Q\wedge P\wedge\neg R\wedge P\wedge\neg R)$

$\Leftrightarrow 0\vee(P\wedge\neg Q\wedge\neg R)$

$\Leftrightarrow P\wedge\neg Q\wedge\neg R$

$M_5\Leftrightarrow$(甲全错)$\wedge$(乙对一半)$\wedge$(丙全对)

$\Leftrightarrow(P\wedge Q)\wedge((\neg P\wedge\neg R)\vee(P\wedge R))\wedge(P\wedge\neg R)$

$\Leftrightarrow(P\wedge Q\wedge\neg P\wedge\neg R\wedge P\wedge\neg R)\vee(P\wedge Q\wedge P\wedge R\wedge P\wedge\neg R)$

$\Leftrightarrow F\vee F\Leftrightarrow F$

$M_6\Leftrightarrow$(甲全错)$\wedge$(乙全对)$\wedge$(丙对一半)

$\Leftrightarrow(P\wedge Q)\wedge(\neg P\wedge R)\wedge((P\wedge R)\vee(\neg P\wedge\neg R))$

$\Leftrightarrow(P\wedge Q\wedge\neg P\wedge R\wedge P\wedge R)\vee(P\wedge Q\wedge\neg P\wedge R\wedge\neg P\wedge\neg R)$

$\Leftrightarrow F\vee F\Leftrightarrow F$

设 $M\Leftrightarrow$(一人全对)$\wedge$(一人对一半)$\wedge$(一人全错)，则 M 为真命题，并且

$$M\Leftrightarrow M_1\vee M_2\vee M_3\vee M_4\vee M_5\vee M_6\Leftrightarrow(\neg P\wedge Q\wedge R)\vee(P\wedge\neg Q\wedge\neg R)\Leftrightarrow T$$

但矿样不可能既是铜又是锡，于是 Q、R 中必有假命题，所以 $\neg P\wedge Q\wedge R\Leftrightarrow F$，因此必有 $P\wedge\neg Q\wedge\neg R\Leftrightarrow T$。于是，必有 P 为真，Q 与 R 为假，即矿样为铁。

由于析取范式和合取范式存在但不唯一，因而它们不能作为同一真值函数所对应的命题公式的标准形式。为此，下面讨论具有唯一性的范式——主析取范式和主合取范式。

定义 1.12 在含有 n 个命题变元的简单合取式中，若每个命题变元与其否定不同时存在，但二者之一必出现且仅出现一次，并且第 i 个命题变元或其否定出现在从左起的第 i 位，这样的简单合取式称为**极小项**。

3 个命题变元 P、Q、R 可形成 8 个极小项，如表 1.15 所示。如果将命题变元看成 1，命题变元的否定看成 0，则每个极小项对应一个二进制数，也对应一个十进制数。二进制数恰好是该极小项的成真赋值，十进制数可作为该极小项抽象表示法的角码。

表 1.15 3 个命题变元形成的极小项

极小项	成真赋值	名称
$\neg P\wedge\neg Q\wedge\neg R$	000	m_0
$\neg P\wedge\neg Q\wedge R$	001	m_1
$\neg P\wedge Q\wedge\neg R$	010	m_2
$\neg P\wedge Q\wedge R$	011	m_3
$P\wedge\neg Q\wedge\neg R$	100	m_4
$P\wedge\neg Q\wedge R$	101	m_5
$P\wedge Q\wedge\neg R$	110	m_6
$P\wedge Q\wedge R$	111	m_7

一般地，n 个命题变元共有 2^n 个极小项，分别记为：M_0、M_1、…、M_{2^n-1}。

极小项具有如下性质：

(1) 每个极小项当其真值指派与编码相同时，其真值为 T，其余 2^n-1 种指派情况下均为 F。

(2) 任意两个不同极小项的合取式为矛盾式。

例如，有 3 个命题变元 P、Q、R，则

$$m_1 \wedge m_4 = (\neg P \wedge \neg Q \wedge R) \wedge (P \wedge \neg Q \wedge \neg R)$$
$$\Leftrightarrow \neg P \wedge P \wedge \neg Q \wedge R \wedge \neg R \Leftrightarrow F$$

(3) 全体极小项的析取式为重言式，记为

$$\sum_{i=0}^{2^n-1} m_i = m_0 \vee m_1 \vee \cdots \vee m_{2^n-1} \Leftrightarrow T$$

定义 1.13 设命题公式 A 中含有 n 个命题变元，若 A 的析取范式中的简单合取式全是极小项，则称该析取范式为 A 的**主析取范式**。

定理 1.3 任何命题公式的主析取范式都是存在的，并且是唯一的。

1．求给定命题公式的主析取范式的方法之一

利用等值式求主析取范式，其推演步骤为：

(1) 化为析取范式。

(2) 除去析取范式中所有为永假的析取项。

(3) 合并析取范式中重复出现的合取项和相同的变元。

(4) 对合取项补入没有出现的命题变元 P_i，即添加 $P_i \vee \neg P_i$ 式，然后应用分配律展开公式。

(5) 将极小项按由小到大的顺序排列，并用 Σ 表示，如 $m_0 \vee m_2 \vee m_5$ 用 $\Sigma(0,2,5)$ 表示。

【例 1.12】(1) 求 $P \to ((P \to Q) \wedge \neg(\neg Q \vee \neg P))$ 的主析取范式。

(2) 求 $(P \wedge Q) \vee (\neg P \wedge R) \vee (Q \wedge R)$ 的主析取范式。

解 (1) $P \to ((P \to Q) \wedge \neg(\neg Q \vee \neg P))$

$\Leftrightarrow \neg P \vee ((\neg P \vee Q) \wedge \neg(\neg Q \vee \neg P))$

$\Leftrightarrow \neg P \vee ((\neg P \vee Q) \wedge (Q \wedge P))$

$\Leftrightarrow \neg P \vee ((\neg P \wedge Q \wedge P) \vee (Q \wedge Q \wedge P))$

$\Leftrightarrow \neg P \vee (P \wedge Q)$ 　　　　析取范式

$\Leftrightarrow (\neg P \wedge (Q \vee \neg Q)) \vee (P \wedge Q)$

$\Leftrightarrow (\neg P \wedge Q) \vee (\neg P \wedge \neg Q) \vee (P \wedge Q)$

$\Leftrightarrow m_0 \vee m_1 \vee m_3 \Leftrightarrow \Sigma(0,1,3)$

(2) $(P \wedge Q) \vee (\neg P \wedge R) \vee (Q \wedge R)$

$\Leftrightarrow (P \wedge Q \wedge (R \vee \neg R)) \vee (\neg P \wedge (Q \vee \neg Q) \wedge R) \vee ((P \vee \neg P) \wedge Q \wedge R)$

$\Leftrightarrow (P \wedge Q \wedge R) \vee (P \wedge Q \wedge \neg R) \vee (\neg P \wedge Q \wedge R)$

$\vee (\neg P \wedge \neg Q \wedge R) \vee (P \wedge Q \wedge R) \vee (\neg P \wedge Q \wedge R)$

$\Leftrightarrow (P \wedge Q \wedge R) \vee (P \wedge Q \wedge \neg R) \vee (\neg P \wedge Q \wedge R) \vee (\neg P \wedge \neg Q \wedge R)$

$\Leftrightarrow m_1 \vee m_3 \vee m_6 \vee m_7 \Leftrightarrow \Sigma(1,3,6,7)$

2．求给定命题公式的主析取范式的方法之二

由极小项的定义可知，主析取范式中出现的极小项的角码对应的二进制数为原公式

的成真赋值，而未出现的极小项的角码对应的二进制数为原公式的成假赋值。因此只要知道了一个命题公式的主析取范式，便可立即写出该命题公式的真值表。反之，一个命题公式的主析取范式可用构造真值表的方法写出，即在真值表中，一个命题公式真值为 T 的指派所对应的极小项的析取为此公式的主析取范式。

【例 1.13】 给定 $P\to Q$、$P\vee Q$、$\neg(P\wedge Q)$，用真值表法构造它们的主析取范式。

解 构造真值表(表 1.16)。

表 1.16 例 1.13 的真值表

P	Q	$P\to Q$	$P\vee Q$	$\neg(P\wedge Q)$
T	T	T	T	F
T	F	F	T	T
F	T	T	T	T
F	F	T	F	T

由真值表中的成真赋值可得

$$P\to Q\Leftrightarrow(\neg P\wedge\neg Q)\vee(\neg P\wedge Q)\vee(P\wedge Q)$$
$$\Leftrightarrow m_0\vee m_1\vee m_3\Leftrightarrow\Sigma(0,1,3)$$
$$P\vee Q\Leftrightarrow(\neg P\wedge Q)\vee(P\wedge\neg Q)\vee(P\wedge Q)$$
$$\Leftrightarrow m_1\vee m_2\vee m_3\Leftrightarrow\Sigma(1,2,3)$$
$$\neg(P\wedge Q)\Leftrightarrow(\neg P\wedge\neg Q)\vee(\neg P\wedge Q)\vee(P\wedge\neg Q)$$
$$\Leftrightarrow m_0\vee m_1\vee m_2\Leftrightarrow\Sigma(0,1,2)$$

由以上各例可以看出，一个命题公式的主析取范式可由等值公式和真值表两种方法得出。

由于主析取范式唯一，所以给定两个命题公式，由主析取范式可以：

(1) 判断两个命题公式是否等值。

(2) 判断命题公式的类型。

设 A 是含 n 个命题变元的命题公式：

① A 是重言式当且仅当 A 的主析取范式含 2^n 个极小项。

② A 是矛盾式当且仅当 A 的主析取范式不含任何极小项，即为 0。

③ A 为可满足式当且仅当 A 的主析取范式至少含一个极小项。

(3) 求命题公式的成真赋值和成假赋值。

定义 1.14 在含有 n 个命题变元的简单析取式中，若每个命题变元与其否定不同时存在，但二者之一必出现且仅出现一次，并且第 i 个命题变元或其否定出现在从左起的第 i 位，这样的简单析取式称为**极大项**。

3 个命题变元 P、Q、R 可形成 8 个极大项，如表 1.17 所示。如果将命题变元看成 0，命题变元的否定看成 1，则每个极大项对应一个二进制数，也对应一个十进制数。二进制数恰好是该极大项的成假赋值，十进制数可作为该极大项抽象表示法的角码。

表 1.17　3 个命题变元形成的极大项

极大项	成假赋值	名称
$P \vee Q \vee R$	000	M_0
$P \vee Q \vee \neg R$	001	M_1
$P \vee \neg Q \vee R$	010	M_2
$P \vee \neg Q \vee \neg R$	011	M_3
$\neg P \vee Q \vee R$	100	M_4
$\neg P \vee Q \vee \neg R$	101	M_5
$\neg P \vee \neg Q \vee R$	110	M_6
$\neg P \vee \neg Q \vee \neg R$	111	M_7

一般地，n 个命题变元亦可产生 2^n 个极大项，分别记为 M_0、M_1、…、M_{2^n-1}。

极大项有如下性质：

(1) 每个极大项当其真值指派与编码相同时，其真值为 F，其余 2^n-1 种指派情况下其真值为均为 T。

(2) 任意两个不同极大项的析取式为永真式。

(3) 全体极大项的合取式必为永假式，记为

$$\sum_{i=0}^{2^n-1} M_i = M_0 \wedge M_1 \wedge \cdots \wedge M_{2^n-1} \Leftrightarrow F$$

定义 1.15　设命题公式 A 中含有 n 个命题变元，若 A 的合取范式中的简单析取式全是极大项，则称该合取范式为 A 的**主合取范式**。

定理 1.4　任何命题公式的主合取范式都是存在的，并且是唯一的。

1. 求给定命题公式的主合取范式的方法之一

利用等值式求主合取范式，其推演步骤为：

(1) 化为合取范式。

(2) 除去合取范式中所有为永真的合取项。

(3) 合并合取范式中重复出现的析取项和相同的变元。

(4) 对析取项补入没有出现的命题变元 P_i，即添加 $P_i \wedge \neg P_i$ 式，然后应用分配律展开公式。

(5) 将极大项由小到大的顺序排列，并用 Π 表示。如 $M_0 \vee M_2 \vee M_5$ 用 $\Pi(0,2,5)$ 表示。

【例 1.14】　求 $(P \wedge Q) \vee (\neg P \wedge R)$ 的主合取范式。

解　$(P \wedge Q) \vee (\neg P \wedge R)$

$\Leftrightarrow ((P \wedge Q) \vee \neg P) \wedge ((P \wedge Q) \vee R)$

$\Leftrightarrow (P \vee \neg P) \wedge (Q \vee \neg P) \wedge (P \vee R) \wedge (Q \vee R)$

$\Leftrightarrow (\neg P \vee Q) \wedge (P \vee R) \wedge (Q \vee R)$

$\Leftrightarrow (\neg P \vee Q \vee (R \wedge \neg R)) \wedge (P \vee (Q \wedge \neg Q) \vee R) \wedge ((P \wedge \neg P) \vee Q \vee R)$

$\Leftrightarrow (\neg P \vee Q \vee R) \wedge (\neg P \vee Q \vee \neg R) \wedge (P \vee Q \vee R)$

$\wedge(P\vee\neg Q\vee R)\wedge(P\vee Q\vee R)\wedge(\neg P\vee Q\vee R)$

$\Leftrightarrow(\neg P\vee Q\vee R)\wedge(\neg P\vee Q\vee\neg R)\wedge(P\vee Q\vee R)\wedge(P\vee\neg Q\vee R)$

$\Leftrightarrow M_4\wedge M_5\wedge M_0\wedge M_2\Leftrightarrow\Pi(0,2,4,5)$

2. 求给定命题公式的主合取范式的方法之二

在真值表中,一个命题公式真值为 F 的指派所对应的极大项的析取即为此公式的主合取范式。

【例 1.15】 用真值表法构造$(P\wedge Q)\vee(\neg P\wedge R)$的主合取范式和主析取范式。

解 构造真值表(表 1.18)。

表 1.18 例 1.15 的真值表

P	Q	R	$P\wedge Q$	$\neg P\wedge R$	$(P\wedge Q)\vee(\neg P\wedge R)$
T	T	T	T	F	T
T	T	F	T	F	T
T	F	T	F	F	F
T	F	F	F	F	F
F	T	T	F	T	T
F	T	F	F	F	F
F	F	T	F	T	T
F	F	F	F	F	F

所以主合取范式为

$(\neg P\vee Q\vee\neg R)\wedge(\neg P\vee Q\vee R)\wedge(P\vee\neg Q\vee R)\wedge(P\vee Q\vee R)$

$\Leftrightarrow M_5\wedge M_4\wedge M_2\wedge M_0\Leftrightarrow\Pi(0,2,4,5)$

主析取范式为

$(P\wedge Q\wedge R)\vee(P\wedge Q\wedge\neg R)\vee(\neg P\wedge Q\wedge R)\vee(\neg P\wedge\neg Q\wedge R)$

$\Leftrightarrow M_7\vee M_6\vee M_3\vee M_1\Leftrightarrow\Sigma(1,3,6,7)$

通过主合取范式也可以判断公式之间是否等值,判断公式的类型(注意重言式的主合取范式中不含任何极大项,用 1 表示重言式的主合取范式),求成假和成真赋值等。

【例 1.16】 张三说李四在说谎,李四说王五在说谎,王五说张三、李四都在说谎。问:张三、李四、王五 3 人到底谁在说谎,谁在说真话?

解 设有命题 P:张三说真话;Q:李四说真话;R:王五说真话。

由题意可知,$P\leftrightarrow\neg Q$、$Q\leftrightarrow\neg R$、$R\leftrightarrow(\neg P\wedge\neg Q)$为真,即有$(P\leftrightarrow\neg Q)\wedge(Q\leftrightarrow\neg R)\wedge(R\leftrightarrow(\neg P\wedge\neg Q))$为真。

由真值表法或等值演算法等,可求出$(P\leftrightarrow\neg Q)\wedge(Q\leftrightarrow\neg R)\wedge(R\leftrightarrow(\neg P\wedge\neg Q))$的主析取范式为$\neg P\wedge Q\wedge\neg R$。因此可判定张三说谎,李四说真话,王五说谎。

1.5 命题逻辑的推理理论

1.5.1 形式推理

逻辑学的重要任务是研究人类的思维规律，能够进行有效的推理是人类智慧的重要体现。推理是指由已知的若干命题出发，应用推理规则得到新命题的思维过程。其中已知命题为推理的前提或假设，推得的新命题为推理的结论。命题逻辑要把推理的过程描述为形式化的逻辑演绎规律。

定义 1.16 设 A_1、A_2、…、A_k、B 均为命题公式，若 $A_1 \wedge A_2 \wedge \cdots \wedge A_k \to B$ 为重言式，则称 A_1、A_2、…、A_k 推出结论 B 的**推理正确**，B 是 A_1、A_2、…、A_k 的**逻辑结论**或**有效结论**。称 $A_1 \wedge A_2 \wedge \cdots \wedge A_k \to B$ 为由前提 A_1、A_2、…、A_k 推出结论 B 的**推理的形式结构**。

与用"$A \Leftrightarrow B$"表示"$A \leftrightarrow B$"是重言式类似，这里用"$A \Rightarrow B$"表示"$A \to B$"是重言式。因此若由前提 A_1、A_2、…、A_k 推出结论 B 的推理正确，也可以记为 $A_1 \wedge A_2 \wedge \cdots \wedge A_k \Rightarrow B$。

因为逻辑学研究的是人类思维的规律，关心的不是具体结论的真实性，而是推理过程的有效性。因此前提的真值是否为真不作为确定推理是否有效的依据。在命题逻辑推理中，应注意区分"有效"和"真"这两个截然不同的概念：有效的推理不一定产生真实的结论；产生真实结论的推理过程未必是有效的；有效的推理中可能包含假的前提；而无效的推理却可能包含真的前提；如果前提全是真，则有效结论也应该是真的。

1.5.2 判定推理正确性的方法

判断推理是否正确的常用方法有：真值表法、等值演算法、主析取/合取范式法等，本小节还将介绍构造证明法。

【例 1.17】 判断下列推理是否正确。

(1) 一份统计表格的错误或者是由材料不可靠造成的，或者是由计算错误造成的。这份统计表的错误不是由材料不可靠造成的，所以一定是由计算错误造成的。

(2) 如果我逛超市，我一定买个足球。我没逛超市，所以我没买足球。

解 (1) 设各命题变元为：

P：统计表的错误是由材料不可靠造成的；Q：统计表的错误是由计算错误造成的。

则该推理形式前提是 $P \vee Q$ 和 $\neg P$，结论为 Q。

推理的形式结构可表示为

$$\neg P \wedge (P \vee Q) \to Q \qquad (1.1)$$

判断推理是否正确即判断(1.1)式是否为重言式。

① 真值表法：

设 P_1、P_2、…、P_n 是出现于前提 A_1、A_2、…、A_k 和结论 B 中的全部命题变元，假设对 P_1、P_2、…、P_n 做了全部的真值指派，若从真值表中找出 A_1、A_2、…、A_k 均为真值 T 的行，对于每个这样的行，若 B 也有真值 T，则推理是正确的；或者看 B 的真值为 F 的行，每个这样的行中，A_1、A_2、…、A_k 的真值中至少有一个为 F，则推理也是正确的。

列出 $\neg P\wedge(P\vee Q)\rightarrow Q$ 的真值表（表 1.19）：

表 1.19　例 1.17 的真值表

P	Q	$\neg P$	$P\vee Q$	$\neg P\wedge(P\vee Q)$	$\neg P\wedge(P\vee Q)\rightarrow Q$
T	T	F	T	F	T
T	F	F	T	F	T
F	T	T	T	T	T
F	F	T	F	F	T

由真值表可见，(1.1)式为重言式，所以推理正确。

② 等值演算法：

$$\neg P\wedge(P\vee Q)\rightarrow Q\Leftrightarrow\neg(\neg P\wedge(P\vee Q))\vee Q\Leftrightarrow P\vee\neg(P\vee Q)\vee Q$$
$$\Leftrightarrow(P\vee Q)\vee\neg(P\vee Q)\Leftrightarrow T$$

③ 主析取范式法：

$$\neg P\wedge(P\vee Q)\rightarrow Q\Leftrightarrow M_0\vee M_1\vee M_2\vee M_3\Leftrightarrow\Sigma(0,1,2,3)$$

由②、③同样能够判断推理是正确的。

(2) 设各命题变元为：

P：我逛超市；Q：我买足球。

前提：$P\rightarrow Q$，$\neg P$。

结论：$\neg Q$。

推理的形式结构为

$$((P\rightarrow Q)\wedge\neg P)\rightarrow\neg Q$$
$$\Leftrightarrow\neg((\neg P\vee Q)\wedge\neg P)\vee\neg Q$$
$$\Leftrightarrow(P\wedge\neg Q\vee P)\vee\neg Q\Leftrightarrow P\vee\neg Q\Leftrightarrow\Sigma(0,2,3)\tag{1.2}$$

可见，(1.2)式不是重言式，所以推理不正确。

上面介绍了判断一个命题公式是否为已知前提的有效结论的真值表法、等值演算法和主析取范式法，但这些方法无法十分清晰地表达推理过程，且当命题公式包含的命题变元较多时，会因计算量太大而增加判定的复杂性。下面介绍运用等值公式、推理定律和推理规则的构造证明法。

1.5.3　构造证明法

重要的**推理定律（重言蕴含式）**有以下 8 条：

(1) $A\Rightarrow A\vee B$。　　附加

(2) $A\wedge B\Rightarrow A$。　　化简

(3) $(A \to B) \wedge A \Rightarrow B$。　假言推理

(4) $(A \to B) \wedge \neg B \Rightarrow \neg A$。　拒取式

(5) $(A \vee B) \wedge \neg A \Rightarrow B$。　析取三段论

(6) $(A \to B) \wedge (B \to C) \Rightarrow A \to C$。　假言三段论

(7) $(A \leftrightarrow B) \wedge (B \leftrightarrow C) \Rightarrow A \leftrightarrow C$。　等价三段论

(8) $(A \to B) \wedge (C \to D) \wedge (A \vee C) \Rightarrow B \vee D$。　构造性二难

下面给出构造证明法中常用的**推理规则**:

(1) 前提引入规则(也称 P 规则):在证明的任何步骤上,都可以引入前提。

(2) 结论引入规则(也称 T 规则):在证明的任何步骤上,所有的结论可作为后续证明的前提。

(3) 置换规则(也称 E 规则):在证明的任何步骤上,命题公式中的任何子命题公式都可以用与之等值的命题公式置换,如用 $\neg P \vee Q$ 置换 $P \to Q$ 等。

根据上面介绍的 8 条推理定律还可以得到以下推理规则:

(4) 假言推理:$A \to B, A \Rightarrow B$。

(5) 附加规则:$A \Rightarrow A \vee B$。

(6) 化简规则:$A \wedge B \Rightarrow A$。

(7) 拒取式规则:$A \to B, \neg B \Rightarrow \neg A$。

(8) 假言三段论规则:$A \to B, B \to C \Rightarrow A \to C$。

(9) 析取三段论规则:$A \vee B, \neg A \Rightarrow B$。

(10) 构造性二难规则:$A \to B, C \to D, A \vee C \Rightarrow B \vee D$。

(11) 合取引入规则:$A, B \Rightarrow A \wedge B$。

常用的构造证明法有 3 种:直接证明法、附加前提证明法(也称 CP 规则证明法)和归谬法。

1. 直接证明法

由一组前提,利用一些公认的推理规则,根据已知的等价或蕴含公式,推演得到有效的结论的方法,即直接证明法。

【例 1.18】 构造下列推理的证明:

(1) 前提:$\neg(P \wedge \neg Q), \neg Q \vee R, \neg R$;结论:$\neg P$。

(2) 前提:$Q \to P, Q \leftrightarrow S, S \leftrightarrow M, M \wedge R$;结论:$P \wedge Q \wedge S \wedge R$。

证明:(1) ① $\neg Q \vee R$　前提引入

② $\neg R$　前提引入

③ $\neg Q$　①②析取三段论

④ $\neg(P \wedge \neg Q)$　前提引入

⑤ $\neg P \vee Q$　④置换规则

⑥ $\neg P$　③⑤析取三段论

(2) ① $M \wedge R$　前提引入

② R　①化简

③ M　①化简

④ $S \leftrightarrow M$　前提引入

⑤ $(S\to M)\wedge(M\to S)$ ④置换规则

⑥ $M\to S$ ⑤化简

⑦ S ③⑥假言推理

⑧ $Q\leftrightarrow S$ 前提引入

⑨ $(Q\to S)\wedge(S\to Q)$ ⑧置换规则

⑩ $S\to Q$ ⑨化简

⑪ Q ⑦⑩假言推理

⑫ $Q\to P$ 前提引入

⑬ P ⑪⑫假言推理

⑭ $P\wedge Q\wedge S\wedge R$ ⑬⑪⑦②合取

2．附加前提证明法

若要证明的结论以蕴含式的形式出现，即前提：A_1、A_2、…、A_k；结论：$A\to B$。或描述成推理的形式结构：

$$(A_1\wedge A_2\wedge\cdots\wedge A_k)\to(A\to B) \tag{1.3}$$

对(1.3)式进行等值演算如下：

$$\begin{aligned}(A_1\wedge A_2\wedge\cdots\wedge A_k)\to(A\to B)&\Leftrightarrow\neg(A_1\wedge A_2\wedge\cdots\wedge A_k)\vee(\neg A\vee B)\\&\Leftrightarrow\neg(A_1\wedge A_2\wedge\cdots\wedge A_k\wedge A)\vee B\\&\Leftrightarrow(A_1\wedge A_2\wedge\cdots\wedge A_k\wedge A)\to B\end{aligned} \tag{1.4}$$

若要证明(1.3)式是重言式，即证明(1.4)式为重言式，而(1.4)式中，A 已变为前提，称 A 为附加前提。这种将结论中的前件作为前提的证明法称为**附加前提证明法**。

【例 1.19】 用附加前提证明法证明下面的推理：

(1) 前提：$P\to(Q\to S)$，Q，$P\vee\neg R$；结论：$R\to S$。

(2) 前提：$P\to Q$；结论：$P\to(P\wedge Q)$。

证明：(1) ① $P\vee\neg R$ 前提引入

② R 附加前提引入

③ P ①②析取三段论

④ $P\to(Q\to S)$ 前提引入

⑤ $Q\to S$ ③④假言推理

⑥ Q 前提引入

⑦ S ⑤⑥假言推理

由附加前提证明法可知，该推理是正确的。

(2) ① $P\to Q$ 前提引入

② P 附加前提引入

③ Q ①②假言推理

④ $P\wedge Q$ ②③合取

由附加前提证明法可知，该推理是正确的。

3．归谬法

设 A_1、A_2、…、A_k 是 k 个命题公式：若 $A_1\wedge A_2\wedge\cdots\wedge A_k$ 是可满足式，则称 A_1、A_2、…、A_k 是相容的；若 $A_1\wedge A_2\wedge\cdots\wedge A_k$ 是矛盾式，则称 A_1、A_2、…、A_k 是不相容的。

因 $A_1 \wedge A_2 \wedge \cdots \wedge A_k \to B \Leftrightarrow \neg(A_1 \wedge A_2 \wedge \cdots \wedge A_k) \vee B \Leftrightarrow \neg(A_1 \wedge A_2 \wedge \cdots \wedge A_k \wedge \neg B)$，所以，若 A_1、A_2、…、A_k 与 $\neg B$ 是不相容的，则 B 是前提 A_1、A_2、…、A_k 的逻辑结论。这种将 $\neg B$ 作为附加前提，进而推出矛盾的证明方法称为**归谬法**。

【例 1.20】 用归谬法证明下面的推理：

前提：P，$\neg(P \wedge Q) \vee R$，$R \to S$，$\neg S$；结论：$\neg Q$。

证明：

①	Q	否定结论引入
②	$R \to S$	前提引入
③	$\neg S$	前提引入
④	$\neg R$	②③拒取式
⑤	$\neg(P \wedge Q) \vee R$	前提引入
⑥	$\neg(P \wedge Q)$	④⑤析取三段论
⑦	$\neg P \vee \neg Q$	⑥置换
⑧	$\neg P$	①⑦析取三段论
⑨	P	前提引入
⑩	$P \wedge \neg P$	⑧⑨合取

由⑩得出矛盾，根据归谬法可知该推理是正确的。

【例 1.21】 公安机关审查一起盗窃案，有如下事实：

(1) A 或 B 盗窃了珠宝。

(2) 若 A 盗窃了珠宝，则作案时间不能发生在午夜前。

(3) 若 B 证词正确，则在午夜时屋子里的灯光未灭。

(4) 若 B 的证词不正确，则作案时间发生在午夜前。

(5) 午夜时屋子里的灯光灭了。

公安人员据此推断是 B 盗窃了珠宝。请证明该推理的正确性。

解 假设将以上事实对应的命题符号化：

P：A 盗窃了珠宝；Q：B 盗窃了珠宝；R：作案时间发生在午夜前；S：B 的证词是正确的；T：午夜时屋子里的灯光灭了。

由上述事实构成的推理可描述为：

前提：$P \vee Q$，$P \to \neg R$，$S \to \neg M$，$\neg S \to R$，M；结论：Q。

下面采用直接证明法确定推理的正确性：

①	M	前提引入
②	$S \to \neg M$	前提引入
③	$\neg S$	①②拒取式
④	$\neg S \to R$	前提引入
⑤	R	③④假言推理
⑥	$P \to \neg R$	前提引入
⑦	$\neg P$	⑤⑥拒取式
⑧	$P \vee Q$	前提引入
⑨	Q	⑦⑧析取三段论

由此可得，以上的推理是正确的。

习 题 1

1. 判断下面的语句是否为命题。若是命题,请指出对应的真值。

(1) 2 不是最小的素数。

(2) 中国人民是伟大的。

(3) 2050 年的元旦是星期一。

(4) 请勿吸烟。

(5) 你喜欢计算机吗?

(6) $2+3=6$。

(7) $x+5>0$。

(8) 今天的天气真好啊!

(9) 外星人是存在的。

(10) 离散数学是计算机专业的必修课。

2. 判断下列命题是简单命题还是复合命题。

(1) 4 是 2 的倍数或是 3 的倍数。

(2) 4 是偶数或是奇数。

(3) 小李和小张是好朋友。

(4) 小李和小张是球迷。

(5) 黄色和蓝色可以调配成绿色。

(6) 停机的原因或者是存在语法错误或者是程序错误。

3. 将下列命题符号化。

(1) 他既聪明,又用功。

(2) 他虽然聪明,但不用功。

(3) 他不是不聪明,而是不用功。

(4) 他一边吃饭,一边看电视。

(5) 除非天下雨,我骑电动车上班。

(6) 只有天不下雨,我才骑电动车上班。

(7) 只要天不下雨,我就骑电动车上班。

(8) 不经一事,不长一智。

(9) 仅当你走,我将留下。

(10) 如果 $2+2=4$,则 $3+3\neq6$。

(11) $2+2=4$ 当且仅当 $3+3=6$。

4. 构造下列命题公式的真值表。

(1) $\neg(P\rightarrow Q)\land Q$。

(2) $(P\rightarrow\neg Q)\rightarrow\neg Q$。

(3) $P\rightarrow Q\lor R$。

(4) $P\leftrightarrow\neg Q$。

(5) $((P\lor Q)\rightarrow R)\leftrightarrow S$。

5. 在 P、Q、R、S 的真值分别为 1、0、1、0 时,试求下列命题公式的真值。

(1) $P\wedge(Q\vee R)$。

(2) $P\wedge(R\vee S)\to(P\vee Q)\wedge(R\wedge S)$。

(3) $(P\to Q)\wedge(\neg R\vee S)$。

6. 判断下列命题公式的类型。

(1) $(P\to Q)\vee(\neg P\to Q)$。

(2) $\neg(P\to Q)\to Q$。

(3) $\neg R\to(\neg P\vee\neg Q)\vee R$。

(4) $P\vee\neg P\to(Q\wedge\neg Q)\wedge\neg R$。

(5) $\neg(P\wedge Q)\leftrightarrow\neg P\vee\neg Q$。

7. 用等值演算法证明下列等值式。

(1) $(P\wedge Q)\vee(P\wedge\neg Q)\Leftrightarrow P$。

(2) $(P\wedge\neg Q)\vee(\neg P\wedge Q)\Leftrightarrow(P\vee Q)\wedge\neg(P\wedge Q)$。

(3) $P\to(Q\to R)\Leftrightarrow(P\wedge Q)\to R$。

(4) $\neg(P\leftrightarrow Q)\Leftrightarrow(P\vee Q)\wedge\neg(P\wedge Q)$。

(5) $(\neg P\to Q)\to(Q\to\neg P)\Leftrightarrow\neg P\vee\neg Q$。

8. 求下列命题公式的主析取范式、主合取范式、成真赋值、成假赋值。

(1) $P\vee(Q\wedge\neg R)$。

(2) $P\vee(Q\wedge R)\to P\wedge Q\wedge R$。

(3) $\neg(P\to Q)\wedge Q\wedge R$。

(4) $(P\to Q)\to R$。

(5) $(\neg P\to Q)\to(\neg Q\wedge P)$。

9. 构造下列推理的证明。

(1) 前提：$\neg P\vee Q$，$\neg(Q\wedge R)$，R；结论：$\neg P$。

(2) 前提：$(P\to Q)\to(Q\to R)$，$R\to P$；结论：$Q\to P$。

(3) 前提：$P\to(Q\to R)$，$\neg S\vee P$；结论：$Q\to(S\to R)$。

(4) 前提：$\neg P\wedge\neg Q$；结论：$\neg(P\wedge Q)$。

(5) 前提：$R\to\neg Q$，$R\vee S$，$S\to\neg Q$，$P\to Q$；结论：$\neg P$。

10. 证明以下推理的正确性。

如果今天是星期三，那么我们班将进行离散数学或英语考试。如果离散数学老师有事，则不考离散数学。今天是星期三且离散数学老师有事。所以我们班将进行英语考试。

第2章　谓词逻辑

命题逻辑主要研究命题和命题演算，其基本组成单位是原子命题，并把原子命题看作是不可再分解的。然而，有时需要进一步分析原子命题的内部结构。例如，著名的苏格拉三段论：

所有的人都是要死的。

苏格拉底是人。

所以苏格拉底是要死的。

从命题逻辑的角度来看，以上3个语句都是原子命题，如果分别用 P、Q、R 来表示，则上述推理的形式结构可描述为：$(P\wedge Q)\rightarrow R$。而由于这个式子不是重言式，故从命题逻辑上来说，这种形式推理是错误的。但根据常识，这个推理应该是正确的。

产生这种问题的根本原因在于：命题逻辑存在一定的局限性，它无法表达任何两个原子命题内部所具有的共同特点，也不能表达两者之间的差异，即命题逻辑无法对原子命题内部更细微的构造进行分析和研究。但仍可对原子命题进行进一步分析。为了刻画命题内部的逻辑结构，就需要研究谓词逻辑。

在研究谓词逻辑时，除了要研究复合命题的命题形式、命题连接词的逻辑性质和规律以外，还需分析出命题中的个体词、谓词、量词等，研究它们的形式结构和逻辑关系，总结出正确的推理形式和规则。谓词逻辑也称为一阶逻辑，它在人工智能领域的知识表示、知识推理、机器证明等方面有重要的意义。

2.1　谓词逻辑的基本概念

一般来说，命题是由主语和谓词两部分组成的，如“电子计算机是科学技术的工具”中，“电子计算机”是主语，“是科学技术的工具”是谓词。主语一般是客体，客体可以独立存在，它可以是具体的，也可以是抽象的。

在谓词逻辑中常把可以独立存在的客体称为**个体词**。表示具体的或特定的个体的词叫作**个体常元**，一般用小写英文字母 a、b、c、…或者 a_i、b_i、c_i、…表示。表示抽象的或泛指的个体的词叫作**个体变元**，一般用小写英文字母 x、y、z、…或者 x_i、y_i、z_i、…表示。个体变元的取值范围称为**个体域**（或**论域**）。个体域可以是有限事物的集合，如$\{a,b,c\}$、$\{1,2,3,4,5\}$等；也可以是无限事物的集合，如整数集 **Z**、自然数集 **N** 等。无特殊声明时，宇宙间一切事物组成的个体域称为**全总个体域**。

谓词是用以刻画个体词的性质或相互之间关系的词。表示具体性质或关系的谓词叫作**谓词常元**；表示抽象或泛指的谓词叫作**谓词变元**，谓词常元和谓词变元通常都可以用大写字母 F、G、H、…表示。个体变元 x 具有性质 F，可记作 $F(x)$；个体变元 x、y 具有关系 L，可记作 $L(x,y)$。

例如，在命题"张华是一名大学生"中，"张华"是个体词，"是一名大学生"是谓词，该谓词描述了"张华"的性质。假设 $F(x)$：x 是一名大学生；a：张华。则"张华是一名大学生"可表示为 $F(a)$。又如，命题"蚌埠位于宿州和合肥之间"的个体词有"蚌埠""宿州"和"合肥"，谓词为"……位于……和……之间"，该谓词描述了 3 个个体词之间的关系。如果用 a、b、c 分别表示个体词"蚌埠""宿州"和"合肥"，$L(x,y,z)$ 表示谓词"……位于……和……之间"，则命题"蚌埠位于宿州和合肥之间"可记作 $L(a,b,c)$。

我们通常把谓词中包含的个体词的个数称为**元数**，含有 $n(n\geqslant1)$ 个个体词的谓词，称为 ***n* 元谓词**。通常，一元谓词常用来表示个体词的性质；$n(n\geqslant2)$ 元谓词常表示个体词之间的关系。有时，将不带个体变元的谓词称为 **0 元谓词**，零元谓词都是命题。因而，可将命题看成谓词的特殊情况。命题逻辑中的连接词在谓词逻辑中均可应用。

【例 2.1】 在谓词逻辑中将下列命题符号化。

(1) 2 是自然数且是偶数。

(2) 小明和小华是兄弟。

(3) 如果小张比小李高，小李比小赵高，则小张比小赵高。

解 (1) $F(x)$：x 是自然数；$G(x)$：x 是偶数；a：2。

该命题可符号化为 $F(a)\wedge G(a)$。

(2) $B(x,y)$：x 和 y 是兄弟；a：小明；b：小华。

该命题可符号化为 $B(a,b)$。

(3) $H(x,y)$：x 比 y 高；a：小张；b：小李；c：小赵。

该命题可符号化为 $H(a,b)\wedge H(b,c)\rightarrow H(a,c)$。

在谓词逻辑中，只使用如上的个体词和谓词还不能用符号很好地表达日常生活中的各种命题。例如：① 所有人都是要死的；② 有的人活到百岁以上。

为此，需要引入表示数量的词，即**量词**。量词可分为两种：

(1) **全称量词**：用来表达日常语言中的"一切""所有的""任意的""每一个"等词语，用符号"$\forall$"表示。$\forall x$ 表示个体域中所有的个体，$\forall xP(x)$ 表示个体域中的所有个体都具有性质 P。

(2) **存在量词**：用来表达日常语言中的"存在着""有一个""至少有一个"等词语，用符号"$\exists$"表示。$\exists x$ 表示存在个体域中的个体，$\exists xP(x)$ 表示存在个体域中的某些个体具有性质 P。

在讨论带有量词的命题函数时，必须确定其个体域。在未加说明的情况下，个体域为全总个体域。

【例 2.2】 在谓词逻辑中将下列命题符号化。

(1) 所有的人都是要死的。

(2) 有的人用左手写字。

解 题目并未说明个体域，因此个体域为全总个体域。为了将命题中讨论的个体词"人"从全总个体域中分离出来，必须引入一个新的谓词 $M(x)$：x 是人。我们称这样的谓词为**特性谓词**。特性谓词常用来对每一个客体变元的变化范围进行限制。一般地，特性谓词在加入到命题函数中时遵循如下原则：对于全称量词$\forall x$，特性谓词常作蕴含的前件；对于存在量词$\exists x$，特性谓词常作合取项。

(1) 设 $F(x)$：x 是要死的。

则"所有的人都是要死的"可符号化为$\forall x(M(x)\to F(x))$。

(2) 设 $P(x)$：x 用左手写字。

则"有的人用左手写字"可符号化为$\exists x(M(x)\land P(x))$。

若个体域 D 为人类的集合，则(1)符号化为$\forall xF(x)$，(2)符号化为$\exists xP(x)$。

【例 2.3】 在谓词逻辑中将下列命题符号化。

(1) 有的人登上过月球。

(2) 没有人登上过火星。

(3) 有的兔子比所有的乌龟跑得快。

(4) 并不是所有的兔子都比乌龟跑得快。

(5) 不存在跑得同样快的两只兔子。

解 本题目并未指明个体域，这里采用全总个体域。

对于(1)、(2)，引入一元特性谓词 $M(x)$：x 是人。

(1) 设 $P(x)$：x 登上过月球。

则命题可符号化为$\exists x(M(x)\land P(x))$。

(2) 设 $Q(x)$：x 登上过火星。

则命题可符号化为$\neg\exists x(M(x)\land Q(x))$。

或者将命题转述为：所有人都没登上过火星。

则可符号化为$\forall x(M(x)\to\neg Q(x))$。

对于(3)、(4)、(5)，出现了兔子和乌龟两个客体。

设一元谓词 $R(x)$：x 是兔子；$W(x)$：x 是乌龟；二元谓词 $Q(x,y)$：x 比 y 跑得快。$S(x,y)$：x 和 y 跑得同样快。则：

(3) 可符号化为$\exists x(R(x)\land\forall y(W(y)\to Q(x,y)))$。

(4) 可符号化为$\neg\forall x\,\forall y\,(R(x)\land W(y)\to Q(x,y))$。

(5) 可符号化为$\neg\exists x\,\exists y\,(R(x)\land R(y)\land S(x,y))$。

在量词使用过程中，应注意以下几个问题：

(1) 在不同个体域的作用下，命题符号化的形式可能不一样。

(2) 如果事先未说明个体域，都应以全总个体域为个体域，必要时还需引入特性谓词。

(3) 当个体域为有限集时，如 $D=\{a_1,a_2,a_3,\cdots,a_n\}$，由量词的意义可以看出，对于任意的谓词 $A(x)$，都有：

① $\forall xA(x)\Leftrightarrow A(a_1)\land A(a_2)\land\cdots\land A(a_n)$。

② $\exists xA(x)\Leftrightarrow A(a_1)\lor A(a_2)\lor\cdots\lor A(a_n)$。

(4) 多个量词同时出现时，不能随意交换它们的顺序。例如："对于$\forall x$，$\exists y$ 使得 $x+y=10$。"取个体域为实数集，这个命题可符号化为

$$\forall x\,\exists yH(x,y)$$

其中“$H(x,y):x+y=10$”这是一个真命题。

但如果交换了量词的顺序，则

$$\exists y\,\forall x H(x,y)$$

其对应的含义为：$\exists y$，对于$\forall x$，使得 $x+y=10$。这显然是个假命题，与原命题的意义也不相同了。因而量词的顺序不能随意交换，否则将产生错误。

2.2 谓词逻辑的命题公式及解释

2.2.1 谓词逻辑的命题公式

为了使在谓词逻辑中命题的符号化结果更加准确和规范，确保谓词演算和推理的正确性，下面将给出谓词逻辑的命题公式的概念。

首先介绍项和原子公式两个概念。

定义 2.1 项是由下列规则形成的：

(1) 个体常元和个体变元是项。

(2) 若 f 是 n 元函数，且 t_1、t_2、…、t_n是项，则 $f(t_1,t_2,\cdots,t_n)$是项。

(3) 所有项都是有限次使用(1)和(2)生成的。

项和函数的使用给谓词逻辑中的个体词表示带来了很大的方便。

定义 2.2 若 $P(x_1,x_2,\cdots,x_n)$是 n 元谓词，t_1、t_2、…、t_n是项，则称 $P(t_1,t_2,\cdots,t_n)$为原子谓词公式，简称**原子公式**。

由原子公式出发，可给出谓词逻辑中的命题公式的递归定义。

定义 2.3 命题公式的定义如下：

(1) 原子公式是命题公式。

(2) 若 A 是命题公式，则 $\neg A$ 是命题公式。

(3) 若 A、B 是命题公式，则 $A\wedge B$、$A\vee B$、$A\rightarrow B$、$A\leftrightarrow B$ 都是命题公式。

(4) 若 A 是命题公式，x 是个体变元，则$\forall xA$、$\exists xA$ 都是命题公式。

(5) 只有有限次地应用(1)～(4)形成的符号串才是命题公式(也称谓词公式，简称公式)。

例如：$\exists xP(x)$、$\forall x\,\exists yH(x,y)$、$\exists x(R(x)\wedge\forall y(W(x)\rightarrow Q(x,y)))$都是命题公式。谓词逻辑的命题公式是由原子公式、逻辑连接词、量词和圆括号等组成的符号串，命题逻辑中的命题公式仅是它的特例，所以命题逻辑包含于谓词逻辑之中。

定义 2.4 在命题公式$\forall xA$ 和$\exists xA$ 中，称 x 为**指导变元**，称 A 为相应量词的**辖域**。在辖域中，x 的所有出现称为**约束出现**(即 x 受相应量词指导变元的约束)；A 中不是约束出现的其他变元出现称为**自由出现**。

【例 2.4】 指出下列各命题公式中的指导变元、量词的辖域、个体变元的自由出现和约束出现。

(1) $\forall x(P(x)\rightarrow\exists yQ(x,y))$。

(2) $\exists xH(x)\wedge G(x,y)$。

(3) $\forall x\,\forall y(P(x,y)\vee Q(y,z))\wedge\exists xR(x,y)$。

解 (1) 在$\exists yQ(x,y)$中，y 为指导变元，$\exists y$ 的辖域为$Q(x,y)$，其中 y 是约束出现，x 是自由出现。在整个命题公式中，x 是指导变元，$\forall x$ 的辖域为$P(x)\rightarrow\exists yQ(x,y)$，$x$ 约束出现 2 次，y 约束出现 1 次。

(2) 在$\exists xH(x)$中，x 为指导变元，$\exists x$ 的辖域为$H(x)$，其中 x 是约束出现。在 $G(x,y)$中，x、y 都是自由出现。在整合整个命题公式中，x 约束出现 1 次，x 自由出现 1 次，y 自由出现 1 次。

(3) 在$\forall x\,\forall y(P(x,y)\vee Q(y,z))$中，$x$ 和 y 都是指导变元，量词$\forall x\,\forall y$ 的辖域为$P(x,y)\vee Q(y,z)$。其中 x 和 y 是约束出现，z 是自由出现。在$\exists xR(x,y)$中，x 是指导变元，$\exists x$ 的辖域为$R(x,y)$，其中 x 是约束出现，y 是自由出现。在整个命题公式中，x 为约束出现，y 既为约束出现又为自由出现，z 为自由出现。

定义 2.5 设 A 为任一公式，若 A 中无自由出现的个体变元，则称 A 是**封闭的命题公式**，简称**闭式**。

例如：$\forall x(F(x)\rightarrow G(x))$，$\forall x\,\exists y(F(x)\wedge G(x,y))$等都是闭式；$\exists y\,\forall zL(x,y,z)$，$\forall x(F(x)\rightarrow G(x,y))$等都不是闭式。

从上面的讨论可以看出，在一个命题公式中，有的个体变元既可以是约束出现，又可以是自由出现，这就很容易产生混淆。为了避免混淆，可以采用以下两条规则对约束变元进行换名，对自由变元进行代替，使公式中没有既为约束出现又为自由出现的变元。

(1) **换名规则**：将量词辖域中某个约束出现的个体变元及对应的指导变元，改成公式中未曾出现过的个体变元符号，公式中其余部分不变。

(2) **代替规则**：对某自由出现的个体变元，用与原公式中所有个体变元符号不同的变元符号去代替，且处处代替。

【例 2.5】 对下列谓词公式使用换名规则或代替规则，使公式中不存在既为约束出现又为自由出现的个体变元。

(1) $\forall x(P(x)\rightarrow R(x,y))\wedge Q(x,y)$。

(2) $\exists xH(x)\wedge G(x,y)$。

(3) $\forall x\,\forall y(P(x,y)\vee Q(y,z))\wedge\exists xR(x,y)$。

解 (1) 将$\forall x(P(x)\rightarrow R(x,y))\wedge Q(x,y)$中的约束变元 x 换名为 t，可得

$$\forall t(P(t)\rightarrow R(t,y))\wedge Q(x,y)$$

(2) 将$\exists xH(x)\wedge G(x,y)$中的自由变元 x 用 t 代替，可得

$$\exists xH(x)\wedge G(t,y)$$

(3) 将$\forall x\,\forall y(P(x,y)\vee Q(y,z))\wedge\exists xR(x,y)$中$\exists x$ 辖域内的约束变元 x 换名为 s，自由变元 y 用 t 代替，可得

$$\forall x\,\forall y(P(x,y)\vee Q(y,z))\wedge\exists sR(s,t)$$

2.2.2 谓词命题公式的解释

和命题公式一样,谓词命题公式仅是一个字符串,并不具有任何实际意义,只有对谓词逻辑命题公式中的各种变元指定特殊的常元去代替,谓词公式才具有一定的意义,这就构成了一个谓词公式的解释。

定义 2.6 谓词公式 A 的一个解释 I 由以下四部分组成:

(1) 非空个体域 D。

(2) D 中一部分特定的元素。

(3) D 上一些特定的函数。

(4) D 上一些特定的谓词。

对于公式 A,取个体域 D,把 A 中的个体常元符号、函数符号、谓词符号分别替换成它们在 I 中的解释,称所得的公式 A'为 A 在 I 下的解释,或 A 在 I 下被解释成 A'。

【例 2.6】 考虑以下解释 I:

论域 $D=\{1,2\}$,指定常数 a 和 b、函数 f、谓词 P 如下:

a	b
1	2

$f(1)$	$f(2)$
2	1

$P(1,1)$	$P(1,2)$	$P(2,1)$	$P(2,2)$
T	T	F	F

求以下各公式在解释 I 下的真值。

(1) $P(a,f(a))\wedge P(b,f(b))$。

(2) $\forall x\,\exists y P(y,x)$。

(3) $\forall x\,\forall y(P(x,y)\rightarrow P(f(x),f(y)))$。

解 (1) $\Leftrightarrow P(1,2)\wedge P(2,1)\Leftrightarrow T\wedge F\Leftrightarrow F$

(2) $\Leftrightarrow\forall x(P(1,x)\vee P(2,x))\Leftrightarrow(P(1,1)\vee P(2,1))\wedge(P(1,2)\vee P(2,2))$

$\Leftrightarrow(T\vee F)\wedge(T\vee F)\Leftrightarrow T\wedge T\Leftrightarrow T$

(3) $\Leftrightarrow\forall x((P(x,1)\rightarrow P(f(x),f(1)))\wedge(P(x,2)\rightarrow P(f(x),f(2))))$

$\Leftrightarrow(P(1,1)\rightarrow P(2,2))\wedge(P(1,2)\rightarrow P(2,1))\wedge(P(2,1)$

$\rightarrow P(1,2))\wedge(P(2,2)\rightarrow P(1,1))$

$\Leftrightarrow(T\rightarrow F)\wedge(T\rightarrow F)\wedge(F\rightarrow T)\wedge(F\rightarrow T)\Leftrightarrow F\wedge F\wedge T\wedge T\Leftrightarrow F$

定义 2.7 设 A 为一个公式(谓词公式),如果 A 在任何解释下都是真的,则称 A 为**逻辑有效式**(或永真式);如果 A 在任何解释下都是假的,则称 A 为**矛盾式**(或永假式);若至少存在一个解释使 A 为真,则称 A 为**可满足式**。

由定义可以看出,逻辑有效式是可满足式。

注:谓词公式的可满足性是不可判定的,即不存在一个可行的算法能够判断任意一公式是否是可满足的。只能对某些特殊的公式进行满足性判断。

定义 2.8 设 A_0是含命题变元 P_1、P_2、…、P_n的命题公式，A_1、A_2、…、A_n是 n 个谓词公式，用 $A_i(1\leqslant i\leqslant n)$处处代换 P_i，所得公式 A 称为A_0的**代换实例**。

注：命题公式中的重言式的代换实例在谓词公式中仍称为重言式，它是逻辑有效式。命题公式中的矛盾式的代换实例在谓词公式中仍称为矛盾式。

【例 2.7】 判断下列公式中哪些是逻辑有效式，哪些是矛盾式或可满足式？

(1) $(\neg\forall xF(x)\rightarrow\exists xG(x))\rightarrow(\neg\exists xG(x)\rightarrow\forall xF(x))$。

(2) $\neg(\forall xF(x)\rightarrow\exists x\ \forall yG(x,y))\wedge\exists x\ \forall yG(x,y)$。

(3) $\forall xF(x)\rightarrow\exists xF(x)$。

(4) $\forall x\ \exists yF(x,y)\rightarrow\exists x\ \forall yF(x,y)$。

解 (1) 中的公式是$(\neg P\rightarrow Q)\rightarrow(\neg Q\rightarrow P)$的代换实例。因

$$(\neg P\rightarrow Q)\rightarrow(\neg Q\rightarrow P)\Leftrightarrow\neg(P\vee Q)\vee(Q\vee P)\Leftrightarrow T$$

所以(1)中的公式为逻辑有效式。

(2) 中的公式是$\neg(P\rightarrow Q)\wedge Q$ 的代换实例。因

$$\neg(P\rightarrow Q)\wedge Q\Leftrightarrow\neg(\neg P\vee Q)\wedge Q\Leftrightarrow P\wedge\neg Q\wedge Q\Leftrightarrow F$$

所以(2)中的公式为矛盾式。

(3) 设 I 为任意的解释，个体域为 D。

若$\exists x_0\in D$，有 $F(x_0)$为假，则$\forall xF(x)$为假，所以$\forall xF(x)\rightarrow\exists xF(x)$为真。

若$\forall x\in D$，都有 $F(x)$为真，则$\forall xF(x)$和$\exists xF(x)$均为真，所以$\forall xF(x)\rightarrow\exists xF(x)$为真。

综上，在解释 I 下，原公式为真。由于 I 具任意性，所以原公式是逻辑有效式。

(4) 取解释 I 如下：① 论域为自然数集 **N**；② $F(x,y)$为 $x=y$。在此解释下，前件化为$\forall x\ \exists yF(x=y)$，为真，后件化为$\exists x\ \forall yF(x=y)$，为假。所以在此解释下，公式$\forall x\ \exists y F(x,y)\rightarrow\exists x\ \forall yF(x,y)$为假，即(4)中的公式不是逻辑有效式。

若将解释 I 中的$F(x,y)$改为 $x\leqslant y$ 组成解释I'，则在 I'下，前件为真，后件也为真。所以此时(4)中的公式不是矛盾式。

综上，(4)中的公式应为可满足式。

2.3 谓词逻辑的等值式与前束范式

2.3.1 谓词逻辑的等值式

和命题逻辑一样，在谓词逻辑中，一个命题同样可能有多种谓词公式表示。本小节讨论谓词公式之间的等价关系。

定义 2.9 设 A、B 是谓词逻辑中任意的两个公式，若 $A\leftrightarrow B$ 为逻辑有效式，则称 A、B 是等值的，记作 $A\Leftrightarrow B$，称 $A\Leftrightarrow B$ 为**等值式**。

谓词逻辑中的等值也可以定义为：给定任意的两个谓词公式 A、B，设它们有共同的

体域 D，在任意的解释 I 下，所得的命题真值都相同，则称谓词公式 A、B 在 D 上是等值的，记作 $A \Leftrightarrow B$。

1. 命题公式的推广

命题的演算中的等价公式表和蕴含表都可以推广到谓词演算中使用。例如：

(1) $\forall x(P(x) \rightarrow Q(x)) \Leftrightarrow \forall x(\neg P(x) \vee Q(x))$。

(2) $\forall xP(x) \vee \exists yR(x,y) \Leftrightarrow \neg(\neg \forall xP(x) \wedge \neg \exists yR(x,y))$。

(3) $\exists xH(x,y) \wedge \neg \exists xH(x,y) \Leftrightarrow F$。

2. 量词与连接词 ¬ 之间的关系

例如：设 $P(x)$：x 今天来学校上课。

则"不是所有人今天都来上课"可表示为 $\neg \forall xP(x)$，与"存在一些人今天没来上课"即 $\exists x \neg P(x)$ 意义相同；"不存在一些人今天上课"可表示为 $\neg \exists xP(x)$，与"所有人今天都没来上课"即 $\forall x \neg P(x)$ 意义相同。

定理 2.1（量词否定律）

(1) $\neg \forall xA(x) \Leftrightarrow \exists x \neg A(x)$。

(2) $\neg \exists xA(x) \Leftrightarrow \forall x \neg A(x)$。

其中 $A(x)$ 为任意的公式。

注：出现在量词之前的否定，不是否定该量词，而是否定被量化了的整个命题。

当个体域 D 是有限集时，如 $D=\{a_1,a_2,\cdots,a_n\}$，定理 2.1 中的两个等值式很容易被验证：

$$\begin{aligned}\neg \forall xA(x) &\Leftrightarrow \neg(A(a_1) \wedge A(a_2) \wedge \cdots \wedge A(a_n)) \\ &\Leftrightarrow \neg A(a_1) \vee \neg A(a_2) \vee \cdots \vee \neg A(a_n) \\ &\Leftrightarrow \exists x \neg A(x)\end{aligned}$$

$$\begin{aligned}\neg \exists xA(x) &\Leftrightarrow \neg(A(a_1) \vee A(a_2) \vee \cdots \vee A(a_n)) \\ &\Leftrightarrow \neg A(a_1) \wedge \neg A(a_2) \wedge \cdots \wedge \neg A(a_n) \\ &\Leftrightarrow \forall x \neg A(x)\end{aligned}$$

3. 量词作用域的扩张与收缩

定理 2.2（量词辖域的扩张与收缩律） 在下列各公式中，$A(x)$ 是含 x 自由出现的任意的公式，B 中不含有 x 的出现。

(1) ① $\forall x(A(x) \vee B) \Leftrightarrow \forall xA(x) \vee B$。

② $\forall x(A(x) \wedge B) \Leftrightarrow \forall xA(x) \wedge B$。

③ $\forall x(A(x) \rightarrow B) \Leftrightarrow \exists xA(x) \rightarrow B$。

④ $\forall x(B \rightarrow A(x)) \Leftrightarrow B \rightarrow \forall xA(x)$。

(2) ① $\exists x(A(x) \vee B) \Leftrightarrow \exists xA(x) \vee B$。

② $\exists x(A(x) \wedge B) \Leftrightarrow \exists xA(x) \wedge B$。

③ $\exists x(A(x) \rightarrow B) \Leftrightarrow \forall xA(x) \rightarrow B$。

④ $\exists x(B \rightarrow A(x)) \Leftrightarrow B \rightarrow \exists xA(x)$。

当个体域 D 是有限集时，如 $D=\{a_1,a_2,\cdots,a_n\}$，定理 2.2 中的各等值式很容易被验证。下面验证(1)中的①式。

$$\begin{aligned}&\forall x(A(x)\vee B)\\&\Leftrightarrow(A(a_1)\vee B)\wedge(A(a_2)\vee B)\wedge\cdots\wedge(A(a_n)\vee B)\\&\Leftrightarrow(A(a_1)\wedge A(a_2)\wedge\cdots\wedge A(a_n))\vee B\\&\Leftrightarrow\forall xA(x)\vee B\end{aligned}$$

另外,(1)中的③式和(2)中的③式也可由定理2.1推出。

$$\begin{aligned}&\forall x(A(x)\to B) &&\text{(1) 中的 ③ 式}\\&\Leftrightarrow\forall x(\neg A(x)\vee B)\\&\Leftrightarrow\forall x\neg A(x)\vee B\\&\Leftrightarrow\neg\exists xA(x)\vee B\\&\Leftrightarrow\exists xA(x)\to B\\&\forall xA(x)\to B &&\text{(2) 中的 ③ 式}\\&\Leftrightarrow\neg\forall xA(x)\vee B\\&\Leftrightarrow\exists x(\neg A(x))\vee B\\&\Leftrightarrow\exists x(\neg A(x)\vee B)\\&\Leftrightarrow\exists x(A(x)\to B)\end{aligned}$$

4. 量词与命题连接词之间的一些等价式

定理2.3(量词分配律)

(1) $\forall x(A(x)\wedge B(x))\Leftrightarrow\forall xA(x)\wedge\forall xB(x)$——$\forall$对$\wedge$的分配。

(2) $\exists x(A(x)\vee B(x))\Leftrightarrow\exists xA(x)\vee\exists xB(x)$——$\exists$对$\vee$的分配。

注:$\forall$对$\vee$及$\exists$对$\wedge$都不存在分配等值式。

【例2.8】 证明:

(1) $\forall x(A(x)\vee B(x))\not\Leftrightarrow\forall xA(x)\vee\forall xB(x)$。

(2) $\exists x(A(x)\wedge B(x))\not\Leftrightarrow\exists xA(x)\wedge\exists xB(x)$。

证明:设个体域为自然数集,且 $A(x)$:x 是奇数;$B(x)$:x 是偶数。

此时$\forall x(A(x)\vee B(x))$为真,但$\forall xA(x)\vee\forall xB(x)$为假。

即(1)式两端真值不相同,所以(1)式不是等值式。

又$\exists xA(x)\wedge\exists xB(x)$为真,但$\exists x(A(x)\wedge B(x))$为假,因此(2)式也不是等值式。

5. 多个量词的使用

定理2.4(量词交换律)

(1) $\forall x\,\forall yA(x,y)\Leftrightarrow\forall y\,\forall xA(x,y)$。

(2) $\exists x\,\exists yA(x,y)\Leftrightarrow\exists y\,\exists xA(x,y)$。

其中 $A(x,y)$为任意的含有 x、y 自由出现的谓词公式。

6. 一些蕴含式

(1) $\forall xA(x)\vee\forall xB(x)\Rightarrow\forall x(A(x)\vee B(x))$。

(2) $\exists x(A(x)\wedge B(x))\Rightarrow\exists xA(x)\wedge\exists xB(x)$。

(3) $\forall x(A(x)\to B(x))\Rightarrow\forall xA(x)\to\forall xB(x)$。

(4) $\forall x(A(x)\leftrightarrow B(x))\Rightarrow\forall xA(x)\leftrightarrow\forall xB(x)$。

(5) $\exists xA(x)\to\forall xB(x)\Rightarrow\forall x(A(x)\to B(x))$。

(6) $\forall x\,\forall yA(x,y)\Rightarrow\exists y\,\forall xA(x,y)$,$\forall y\,\forall xA(x,y)\Rightarrow\exists x\,\forall yA(x,y)$。

(7) $\exists y\ \forall x A(x,y) \Rightarrow \forall x\ \exists y A(x,y)$，$\exists x\ \forall y A(x,y) \Rightarrow \forall y\ \exists x A(x,y)$。

(8) $\forall x\ \exists y A(x,y) \Rightarrow \exists y\ \exists x A(x,y)$，$\forall y\ \exists x A(x,y) \Rightarrow \exists x\ \exists y A(x,y)$。

在命题演算中，常常需要将公式化成规范的形式，对于谓词演算也有类似情况，一个谓词演算公式，可以化成与之等价的范式形式——前束范式。

2.3.2 谓词逻辑的前束范式

定义 2.10 设 A 为一谓词公式，如果 A 具有如下形式：$Q_1 x_1 Q_2 x_2 \cdots Q_k x_k B$，则称 A 是**前束范式**。其中每个 $Q_i(1 \leqslant i \leqslant k)$ 为 $\forall$ 或 $\exists$，B 为不含量词的谓词公式。

按上述定义，我们认为：对于一个谓词公式，如果量词均在全式的开头，它们的作用域延伸到整个公式的末尾，则称该公式为前束范式。例如，$\forall x\ \forall y\ \exists z(Q(x,y) \rightarrow R(z))$，$\forall y\ \forall x(\neg P(x,y) \rightarrow Q(y))$ 等都是前束范式。

定理 2.5 谓词逻辑中的任何命题公式 A 都存在与其等值的前束范式（前束范式存在，但不唯一）。

设 G 为任意一公式，通过下列步骤可以将其转化为与之等值的前束范式：

(1) 消去公式中的包含的连接词 $\rightarrow$ 和 $\leftrightarrow$。

(2) 反复运用德·摩根定律，将 $\neg$ 内移到原子谓词公式的前端。

(3) 使用谓词的等价公式将所有量词提到公式的最前端。

经过这几步，便可求得任意一公式的前束范式。由于每一步变换都保持着等价关系，所以得到的前束范式与原公式是等值的。

【例 2.9】 将下列公式转化为前束范式：

(1) $\forall x P(x) \rightarrow \exists x Q(x)$。

(2) $\forall x\ \forall y(\exists z(P(x,z) \wedge P(y,z)) \rightarrow \exists u Q(x,y,u))$。

(3) $\neg \forall x(\exists y A(x,y) \rightarrow \exists x\ \forall y(B(x,y) \wedge \forall y(A(y,x) \rightarrow B(x,y))))$。

解 (1) $\Leftrightarrow \exists x(\neg P(x)) \vee \exists x Q(x)$

$\Leftrightarrow \exists x(\neg P(x) \vee Q(x))$

(2) $\Leftrightarrow \forall x\ \forall y(\neg \exists z(P(x,z) \wedge P(y,z)) \vee \exists u Q(x,y,u))$

$\Leftrightarrow \forall x\ \forall y(\forall z(\neg P(x,z) \vee \neg P(y,z)) \vee \exists u Q(x,y,u))$

$\Leftrightarrow \forall x\ \forall y\ \forall z\ \exists u(\neg P(x,z) \vee \neg P(y,z) \vee Q(x,y,u))$

(3) 第一步，否定深入：

$\Leftrightarrow \exists x \neg(\neg \exists y A(x,y) \vee \exists x\ \forall y(B(x,y) \wedge \forall y(A(y,x) \rightarrow B(x,y))))$

$\Leftrightarrow \exists x(\exists y A(x,y) \wedge \forall x\ \exists y(\neg B(x,y) \vee \exists y \neg(A(y,x) \rightarrow B(x,y))))$

第二步，改名，以便把量词提到前面：

$\Leftrightarrow \exists x(\exists y A(x,y) \wedge \forall u\ \exists R(\neg B(u,R) \vee \exists z \neg(A(z,u) \rightarrow B(u,z))))$

$\Leftrightarrow \exists x\ \exists y\ \forall u\ \exists R\ \exists z(A(x,y) \wedge (\neg B(u,R) \vee \neg(A(z,u) \rightarrow B(u,z))))$

2.4 谓词逻辑的推理理论

谓词逻辑的推理是命题逻辑推理的进一步深化和发展，命题逻辑中的推理规则，如前提引入规则(P 规则)、结论引入规则(T 规则)、置换规则(E 规则)、附加前提规则(CP 规则)等都可以无条件地推广到谓词逻辑中来。只是在谓词逻辑推理中，某些前提和结论可能受到量词的约束，为确立前提和结论之间的内部联系，有必要消去量词或引入量词，以便使得谓词逻辑推理过程类似于命题逻辑的推理。因此正确理解和运用有关量词规则是谓词逻辑推理理论的关键所在。

2.4.1 推理规则

1. 量词消去规则

(1) 全称量词消去规则(简称 US 规则)：$\forall xA(x) \Rightarrow A(c)$，其中 c 为任意的个体常元；或$\forall xA(x) \Rightarrow A(y)$，其中 y 是个体域中的任意个体，$A(x)$对 y 是自由的。

含义：如果$\forall xA(x)$为真，则在论域内的任何个体 c，都使得 $A(c)$为真。

(2) 存在量词消去规则(简称 ES 规则)：$\exists xA(x) \Rightarrow A(c)$，其中 c 是使$A(x)$为真的特定的个体常元，这就要求 c 不在$A(x)$和已经推导出的公式中出现，且除 x 外，$A(x)$中无其他自由变元。

含义：如果$\exists xA(x)$为真，则在论域内的某些个体 c，使得 $A(c)$为真。

2. 量词引入规则

(1) 全称量词引入规则(简称 UG 规则)：$A(y) \Rightarrow \forall xA(x)$，其中 x 在$A(y)$中不以约束变元的形式出现。

(2) 存在量词引入规则(简称 EG 规则)：$A(c) \Rightarrow \exists xA(x)$，其中 c 为任意的个体常元；或 $A(y) \Rightarrow \exists xA(x)$，其中 x 在$A(c)$和 $A(y)$中不以约束变元的形式出现。

2.4.2 推理方法

谓词逻辑的推理方法是命题逻辑推理方法的拓展，在谓词逻辑中利用的推理规则也有 P 规则、T 规则、CP 规则，还有常用的等值式、蕴含式和有关量词的消去和引入规则。使用的推理方法包括直接证明法和间接证明法等。

【例 2.10】 构造下列推理的证明：

(1) 前提：$\forall x(P(x) \rightarrow Q(x))$，$\exists xP(x)$；结论：$\exists xQ(x)$。

(2) 前提：$\forall x\,\forall y(\neg P(x) \vee Q(y))$；结论：$\forall x \neg P(x) \vee \forall yQ(y)$。

证明：(1)

① $\exists xP(x)$　　P

② $P(a)$　　ES，①

③ $\forall x(P(x)\rightarrow Q(x))$　　P

④ $P(a)\rightarrow Q(a)$　　US,③

⑤ $Q(a)$　　T,②④假言推理

⑥ $\exists xQ(x)$　　EG,⑤

由此可见,(1)中的推理是正确的。

(2) 因

$$\forall x\neg P(x)\vee\forall yQ(y)\Leftrightarrow\neg\exists xP(x)\vee\forall yQ(y)\Leftrightarrow\exists xP(x)\rightarrow\forall yQ(y)$$

所以本题将利用 CP 规则进行推理证明:

① $\exists xP(x)$　　P(附加前提)

② $P(a)$　　ES,①

③ $\forall x\forall y(\neg P(x)\vee Q(y))$　　P

④ $\forall y(\neg P(a)\vee Q(y))$　　US,③

⑤ $\neg P(a)\vee Q(z)$　　US,④

⑥ $Q(z)$　　T,②⑤析取三段论

⑦ $\forall yQ(y)$　　UG,⑥

⑧ $\exists xP(x)\rightarrow\forall yQ(y)$　　CP,①⑦

由此可见,(2)中的推理是正确的。

【例 2.11】 证明苏格拉底三段论:

所有的人都是要死的。

苏格拉底是人。

所以苏格拉底是要死的。

证明:假设 $M(x)$:x 是人;$D(x)$:x 是要死的;a:苏格拉底。

则该推理可符号化为:$\forall x(M(x)\rightarrow D(x))\wedge M(a)\Rightarrow D(a)$。

即前提:$\forall x(M(x)\rightarrow D(x))$,$M(a)$;结论:$D(a)$。

① $\forall x(M(x)\rightarrow D(x))$　　P

② $M(a)\rightarrow D(a)$　　US,①

③ $M(a)$　　P

④ $D(a)$　　T,②③假言推理

由此可见,苏格拉底三段论中的推理是正确的。

习　题　2

1. 在谓词逻辑中将下列命题符号化。

(1) 2 是素数且是偶数。

(2) 如果 3 大于 2,则 3 大于 1。

(3) 凡是素数都不是偶数。

(4) 有些实数是有理数。

(5) 不是所有的鸟都会飞翔。

(6) 没有不犯错误的人。

(7) 并非所有的大学生都能成为科学家。

(8) 除非他是北方人,否则他一定怕冷。

2. 在下列不同的个体域中将各命题符号化,并指出各命题的真值。

个体域分别为(1)自然数集 **N**,(2)整数集 **Z**,(3)实数集 **R**,(4)整数集 $\mathbf{Z}^+$:

(1) 对于任意的 x,均有 $(x+1)^2=x^2+2x+1$。

(2) 存在 x,使得 $x+3=0$。

(3) 对于所有的 x,存在 y,使得 $x\cdot y=0$。

(4) 存在 x,对于所有的 y,都有 $x\cdot y=x$。

3. 指出下列各式的自由变元、约束变元和量词的辖域。

(1) $\forall x(F(x)\to\exists yG(x,y))$。

(2) $\forall x\forall y(R(x,y)\vee L(y,z))\wedge\exists xG(x,y)$。

(3) $\forall x(F(x)\wedge G(x))\to\forall xF(x)\wedge G(x)$。

4. 给定解释 I 如下:

个体域 D 为自然数集。

个体常元 $a=0$。

二元函数 $f(x,y)=x+y,g(x,y)=x\cdot y$。

二元谓词 $P(x,y):x=y$。

在解释 I 下,下列公式的含义是什么?哪些能够成为命题,真值如何?哪些不能成为命题?

(1) $\forall xP(g(x,y),z)$。

(2) $P(f(x,a),y)\to P(g(x,y),z)$。

(3) $\forall xP(g(x,a),x)\to P(x,y)$。

(4) $\forall x\forall y\exists zP(f(x,y),z)$。

5. 给出解释 I,使下面的两个公式在解释 I 下均为假,从而说明这两个公式都不是逻辑有效式。

(1) $\forall x(F(x)\vee G(x))\to\forall xF(x)\vee\forall xG(x)$。

(2) $\exists xF(x)\wedge\exists xG(x)\to\exists x(F(x)\wedge G(x))$。

6. 分析以下谓词公式的类型。

(1) $\forall xF(x)\to\exists xF(x)$。

(2) $\forall x\neg F(x)\wedge\exists xF(x)$。

(3) $\exists x(F(x)\wedge G(x))\to\forall xF(x)$。

(4) $\forall x(F(y)\to G(x))\to(F(y)\to\forall xG(x))$。

7. 求下列各式的前束范式。

(1) $\forall xF(x)\vee\exists yG(x,y)$。

(2) $\neg\exists xF(x)\to\forall yG(x,y)$。

(3) $\neg(\forall xF(x,y)\vee\exists yG(x,y))$。

(4) $\exists x(F(x)\wedge\forall yG(x,y,z))\to\exists zH(x,y,z)$。

8. 构造下列推理的证明。

(1) 前提:$\exists xF(x),\forall x((F(x)\vee G(x))\to H(x))$;结论:$\exists xH(x)$。

(2) 前提:$\exists xF(x)\wedge\forall xG(x)$;结论:$\exists x(F(x)\wedge G(x))$。

(3) 前提：$\neg \exists x F(x)$，$\forall x(\exists y(G(x,y) \wedge P(y)) \rightarrow \exists y(F(y) \wedge R(x,y)))$；结论：$\forall x \forall y(G(x,y) \rightarrow \neg P(y))$。

9. 证明下列论断的正确性。

(1) 所有有理数是实数，某些有理数是整数；因此某些实数是整数。

(2) 所有的哺乳动物都是脊椎动物，并非所有的哺乳动物都是胎生的；因此有些脊椎动物不是胎生的。

(3) 每个喜欢步行的人都不喜欢坐汽车，每个人或者喜欢坐汽车或者喜欢骑自行车，有的人不喜欢骑自行车；因此有的人不喜欢步行。

第 2 部分
集合论

第3章　集　　合

集合论是德国数学家康托尔(Cantor)于1874年创立的。在1900年前后出现了各种悖论,如"理发师说只给不能给自己理发的人理发",理发师给自己理发或不给自己理发都会产生矛盾。类似悖论的出现使集合论的发展一度陷入僵滞的局面。1904～1908年,策墨罗(Zermelo)列出了第一个集合论的公理系统,它的公理使数学哲学中的一些矛盾基本上得到了统一,在此基础上逐渐形成了公理化集合论和抽象集合论,使该学科成为在数学中发展最为迅速的一个分支。

现在,集合论已经成为内容充实、实用广泛的一门学科,在近代数学中占据重要地位,它的观点已渗透到古典分析、泛函、概率、函数论、信息论、排队论等现代数学各个分支,正在影响着整个数学科学。

集合论在计算机科学中也具有十分广泛的应用,计算机科学领域中的大多数基本概念和理论几乎均采用集合论的有关术语来描述和论证。集合论已成为计算机科学工作者必不可少的基础知识和数学工具。例如,在编译原理、开关理论、数据库原理、有限状态机和形式语言等领域中,都已得到广泛应用。

本章介绍集合论的基础知识,主要内容包括集合的概念及其运算、性质、基数和计数问题等。

3.1　集合的基本概念

3.1.1　集合与元素

集合是一个不能精确定义的概念。一般来说,把具有共同性质的一些东西汇集成一个整体,就形成了一个集合。例如,教室内的桌椅,图书馆的藏书,全体高校等均分别构成一个集合。集合也可以描述为"一些由有明确定义的、可分辨的事物构成的整体",组成集合的事物称为集合的元素(成员),这些事物不一定具有相同的性质,如{电脑,投影仪,桌子,椅子,黑板,大象,小猫}也是一个集合。

通常,集合的名称用大写英文字母 A、B、X、Y、…表示。例如,**N** 代表自然数的集合(包括0),**Z** 代表整数的集合,**Q** 代表有理数的集合,**R** 代表实数的集合,**C** 代表复数的集合。组成集合的元素用小写英文字母 a、b、x、y、…表示。若 a 是集合 A 中的元素,记作 $a \in A$,读作 a 属于 A;若 a 不是集合 A 中的元素,记作 $a \notin A$,读作 a 不属于 A。

集合的表示方法通常有列举法和描述法两种。

(1) 列举法,即列出集合的所有元素,元素之间以“,”隔开,并用“{ }”将它们括起来。例如,$A=\{a,b,c,d\}$,$B=$ {桌子,板凳,灯泡,黑板},$C=\{a,a^2,a^3,\cdots\}$等。

(2) 描述法,即用谓词描述出该集合中元素的特性。其形式为 $S=\{x\mid P(x)\}$,表示 S 是由使 $P(x)$ 为真的全体 x 构成的,其中 $P(x)$ 可以代表任何谓词。例如,$\{x\mid x\in\mathbf{Z}\wedge 3<x\leqslant 6\}=\{4,5,6\}$;$\{1,3,5,7,\cdots\}=\{x\mid x$ 是正奇数}。

集合论规定:

(1) 集合中的元素之间彼此相异,即如果同一个元素在集合中多次出现,应该认为是一个元素,如$\{3,4,5\}=\{3,4,4,5\}$

(2) 集合中的元素是无序的,如$\{3,4,5\}=\{5,3,4\}$。

(3) 集合中的元素也可以是集合,如 $A=\{a,\{b,c\},d,\{\{d\}\}\}$,其中 $a\in A$,$\{b,c\}\in A$,$d\in A$,$\{\{d\}\}\in A$;$B=\{\{1,2\},4\}$,其中$\{1,2\}\in B$,$1\notin B$,$2\notin B$。$\{\{1,2\},4\}\neq\{1,2,4\}$。

3.1.2 集合之间的关系

定义 3.1 设 A、B 为集合,如果 A 中的每个元素都是 B 中的元素,则称 A 为 B 的**子集**,这时也称 **A 包含于 B 或 B 包含 A**,记作 $A\subseteq B$ 或 $B\supseteq A$。

$$A\subseteq B(\text{或 } B\supseteq A)\Leftrightarrow\forall x(x\in A\rightarrow x\in B)$$

集合间的包含关系具有下述性质:

(1) 对于任何集合 S,有 $S\subseteq S$。(自反性)

(2) $(A\subseteq B)\wedge(B\subseteq C)\Rightarrow A\subseteq C$。(传递性)

下面对包含关系的传递性进行证明。

证明:

① $A\subseteq B$	P
② $\forall x(x\in A\rightarrow x\in B)$	E①
③ $a\in A\rightarrow a\in B$	US②
④ $B\subseteq C$	P
⑤ $\forall x(x\in B\rightarrow x\in C)$	E④
⑥ $a\in B\rightarrow a\in C$	US⑤
⑦ $a\in A\rightarrow a\in C$	③⑥假言三段论
⑧ $\forall x(x\in A\rightarrow x\in C)$	UG⑦
⑨ $A\subseteq C$	E⑧

定义 3.2 设 A、B 为集合,如果 $A\subseteq B$ 且 $B\subseteq A$,则称 A 与 B **相等**,记作 $A=B$。

$$A=B\Leftrightarrow A\subseteq B\wedge B\subseteq A$$

由以上定义可知,两个集合相等的充要条件是它们具有相同的元素。例如,$A=\{x\mid x\in\mathbf{Z}\wedge 3<x\leqslant 6\}$,$B=\{4,5,6\}$,$A=B$。

定义 3.3 设 A、B 为集合,如果 $A\subseteq B$ 且 $A\neq B$,则称 A 是 B 的**真子集**,这时也称 A **真包含于** B 或 B **真包含** A,记作 $A\subset B$。

$$A\subset B\Leftrightarrow A\subseteq B\wedge A\neq B$$

例如,$\{a,b\}$是$\{a,b,c\}$的真子集,但$\{a,b\}$和$\{a,c,e\}$都不是$\{a,c,e\}$的真子集。

定义 3.4 不包含任何元素的集合叫作**空集**，记作$\varnothing$。

$$\varnothing = \{x \mid x \neq x\} \quad 或 \quad \varnothing = \{x \mid P(x) \land \neg P(x), P(x) 是任意的谓词\}$$

空集客观存在，如 $A = \{x \mid x \in \mathbf{R} \land x^2 + 1 = 0\}$，由于 $x^2 + 1 = 0$ 无实解，所以 $A = \varnothing$。

定理 3.1 空集是一切集合的子集。

证明：设 A 为任意的集合，由子集的定义有

$$\varnothing \subseteq A \Leftrightarrow \forall x(x \in \varnothing \rightarrow x \in A)$$

等值符号右端的蕴含式中，前件 $x \in \varnothing$ 为假，所以蕴含式 $x \in \varnothing \rightarrow x \in A$ 对一切 x 均为真，因此$\varnothing \subseteq A$ 为真。

推论 3.1 空集是唯一的。

证明：假设存在空集$\varnothing_1$和$\varnothing_2$，由定理 3.1 可知，$\varnothing_1 \subseteq \varnothing_2$，$\varnothing_2 \subseteq \varnothing_1$。

由集合相等的定义 3.2 知，$\varnothing_1 = \varnothing_2$。

另外，根据空集和子集的定义可知，对于每个非空集合 A，至少有两个不同的子集——A 和$\varnothing$($A \subseteq A$，$\varnothing \subseteq A$)，称 A 和$\varnothing$是 A 的**平凡子集**。

【例 3.1】 确定下列命题的真假。

(1) $\varnothing \subseteq \varnothing$；(2)$\varnothing \in \varnothing$；(3)$\varnothing \subseteq \{\varnothing\}$；(4)$\varnothing \in \{\varnothing\}$。

解 (1) 因空集$\varnothing$是一切集合的子集，所以$\varnothing \subseteq \varnothing$为真。

(2) 因空集$\varnothing$是不包含任何元素的集合，所以$\varnothing \in \varnothing$为假。

(3) 因空集$\varnothing$是一切集合的子集，所以$\varnothing \subseteq \{\varnothing\}$为真。

(4) 因$\{\varnothing\}$中包含一个元素$\varnothing$，$\varnothing$是集合$\{\varnothing\}$的元素，所以$\varnothing \in \{\varnothing\}$为真。

含有 n 个元素的集合称为n **元集**，它的含有 m($m \leqslant n$)个元素的子集称为它的 m **元子集**。一般地，对于 n 元集A，它有 C_n^m 个m($0 \leqslant m \leqslant n$)元子集，因此它的不同子集总数为 $C_n^0 + C_n^1 + \cdots + C_n^n = 2^n$个，即 n 元集共有 2^n 个子集。

【例 3.2】 求 $A = \{a, b, c\}$的全部子集。

解 A 的子集包括：

零元子集：$\varnothing$，共 C_3^0 个。

一元子集：$\{a\}$，$\{b\}$，$\{c\}$，共 C_3^1 个。

二元子集：$\{a, b\}$，$\{a, c\}$，$\{b, c\}$，共 C_3^2 个。

三元子集：$\{a, b, c\}$，共 C_3^3 个。

定义 3.5 设 A 为集合，A 的全体子集构成的集合叫作A 的**幂集**，记作 $P(A)$：

$$P(A) = \{x \mid x \subseteq A\}$$

【例 3.3】 求 $A = \{a, b, c\}$的幂集。

解 由例 3.2 可知，集合 A 共有 8 个子集。因此 A 的幂集

$$P(A) = \{\varnothing, \{a\}, \{b\}, \{c\}, \{a, b\}, \{a, c\}, \{b, c\}, \{a, b, c\}\}$$

定义 3.6 在一个具体问题中，如果所涉及的集合都是某个集合的子集，则称这个集合为**全集**，记作 E 或 U。

全集是个相对的概念，研究问题不同，所取的全集不同。

3.2 集合的基本运算

定义 3.7 设 A、B 为集合，A 与 B 的**并集** $A\cup B$，**交集** $A\cap B$，B 对 A 的**相对补集** $A-B$ 分别定义如下：

$$A\cup B=\{x\mid x\in A\vee x\in B\}$$
$$A\cap B=\{x\mid x\in A\wedge x\in B\}$$
$$A-B=\{x\mid x\in A\wedge x\notin B\}$$

定义 3.8 设 E 为全集，$A\subseteq E$，则称 A 对 E 的相对补集为 A 的**绝对补集**，记作 $\sim A$，即

$$\sim A=E-A=\{x\mid x\in E\wedge x\notin A\}$$

【例 3.4】 设 $A\subseteq B$，$C\subseteq D$，求证：$A\cup C\subseteq B\cup D$。

证明：对于任意 $x\in A\cup C$，有 $x\in A$ 或 $x\in C$。

若 $x\in A$，由 $A\subseteq B$，得 $x\in B$，所以 $x\in B\cup D$。

若 $x\in C$，由 $C\subseteq D$，得 $x\in D$，所以 $x\in B\cup D$。

综上，$A\cup C\subseteq B\cup D$。

集合的并运算具有以下性质：

(1) $A\cup A=A$。

(2) $A\cup E=E$。

(3) $A\cup\varnothing=A$。

(4) $A\cup B=B\cup A$。

(5) $(A\cup B)\cup C=A\cup(B\cup C)$。

【例 3.5】 设 $A\subseteq B$，求证：$A\cap C\subseteq B\cap C$。

证明：因 $A\subseteq B$，所以若 $x\in A$，则 $x\in B$。

对于任意 $x\in A\cap C$，即 $x\in A$ 且 $x\in C$，有 $x\in B$ 且 $x\in C$，即 $x\in B\cap C$。

故有 $A\cap C\subseteq B\cap C$。

集合的交运算具有以下性质：

(1) $A\cap A=A$。

(2) $A\cap\varnothing=\varnothing$。

(3) $A\cap E=A$。

(4) $A\cap B=B\cap A$。

(5) $(A\cap B)\cap C=A\cap(B\cap C)$。

注：若集合 A、B 没有共同元素，则可写为 $A\cap B=\varnothing$，此时亦称 A 与 B 不相交。

把以上有关集合的并集和交集的定义加以推广，可以得到 n 个集合的并集和交集，即

$$A_1\cup A_2\cup\cdots\cup A_n=\{x\mid x\in A_1\vee x\in A_2\vee\cdots\vee x\in A_n\}$$
$$A_1\cap A_2\cap\cdots\cap A_n=\{x\mid x\in A_1\wedge x\in A_2\wedge\cdots\wedge x\in A_n\}$$

n 个集合的并集和交集可分别简记为 $\bigcup_{i=1}^{n} A_i$ 和 $\bigcap_{i=1}^{n} A_i$。

【例 3.6】 设全集 $E=\{0,1,2,3,\cdots,9\}$，$A=\{2,4\}$，$B=\{4,5,6,7\}$，$C=\{0,8,9\}$，$D=\{1,2,3\}$，求：$A\cup B$、$A\cap B$、$A\cap C$、$B\cap D$、$A-B$、$B-A$、$A-C$、$B-D$、$\sim A$。

解 $A\cup B=\{2,4\}\cup\{4,5,6,7\}=\{2,4,5,6,7\}$。

$A\cap B=\{2,4\}\cap\{4,5,6,7\}=\{4\}$。

$A\cap C=\{2,4\}\cap\{0,8,9\}=\varnothing$。

$B\cap D=\{4,5,6,7\}\cap\{1,2,3\}=\varnothing$。

$A-B=\{2,4\}-\{4,5,6,7\}=\{2\}$。

$B-A=\{4,5,6,7\}-\{2,4\}=\{5,6,7\}$。

$A-C=\{2,4\}-\{0,8,9\}=\{2,4\}$。

$B-D=\{4,5,6,7\}-\{1,2,3\}=\{4,5,6,7\}$。

$\sim A=E-A=\{0,1,2,3,\cdots,9\}-\{2,4\}=\{0,1,3,5,6,7,8,9\}$。

定义 3.9 设 A、B 为集合，则 A 与 B 的**对称差**记作 $A\oplus B$，即

$$A\oplus B=(A-B)\cup(B-A)=(A\cup B)-(A\cap B)$$

例如，$A=\{2,3,4\}$，$B=\{4,5,6\}$，则 $A\oplus B=\{2,3\}\cup\{5,6\}=\{2,3,5,6\}$。

对称差具有如下性质：

(1) $A\oplus B=B\oplus A$。

(2) $A\oplus A=\varnothing$。

(3) $A\oplus\varnothing=A$。

(4) $A\oplus B=(A\cap\sim B)\cup(\sim A\cap B)$。

(5) $(A\oplus B)\oplus C=A\oplus(B\oplus C)$。

(6) $A\oplus B=\varnothing$ 当且仅当 $A=B$。

(7) $A\oplus B=A\oplus C$，则 $B=C$。

以上集合之间的关系和运算可以用**文氏图**(Venn diagram，也称维恩图)形象、直观地描述出来。文氏图通常用一个矩形表示全集 E，E 的子集用矩形区域内的圆形区域或任何由其他的适当的闭合曲线围成的区域表示。一般情况下，如果不做特殊说明，这些表示集合的圆应该是彼此相交的。如果已知两个集合是不相交的，则表示它们的圆彼此相离。文氏图中画有阴影的区域表示新组成的集合。图 3.1 是一些文氏图的实例。

文氏图能够对一些问题给出简单、直观的解释，这种解释对分析问题有很大的帮助。不过，文氏图只是起到一种示意的作用，可以启发我们发现集合之间的某种关系，但不能用文氏图来证明恒等式，因为这种证明是不严密的。

根据以上集合运算的定义，可以得到如表 3.1 所示的相关运算满足的主要算律，其中 A、B、C 表示任意的集合。

表 3.1 集合运算的主要算律

算律名称	公式	序号
幂等律	$A\cup A=A$，$A\cap A=A$	1,2
交换律	$A\cup B=B\cup A$，$A\cap B=B\cap A$，$A\oplus B=B\oplus A$	3,4,5

续表

算律名称	公式	序号
结合律	$(A\cup B)\cup C=A\cup(B\cup C)$	6
	$(A\cap B)\cap C=A\cap(B\cap C)$	7
	$(A\oplus B)\oplus C=A\oplus(B\oplus C)$	8
分配律	$A\cup(B\cap C)=(A\cup B)\cap(A\cup C)$	9
	$A\cap(B\cup C)=(A\cap B)\cup(A\cap C)$	10
同一律	$A\cup\varnothing=A, A\cap E=A$	11,12
	$A-\varnothing=A, A\oplus\varnothing=A$	13,14
零律	$A\cup E=E$	15
	$A\cap\varnothing=\varnothing$	16
排中律	$A\cup\sim A=E$	17
矛盾律	$A\cap\sim A=\varnothing$	18
吸收律	$A\cup(A\cap B)=A$	19
	$A\cap(A\cup B)=A$	20
德·摩根律	$A-(B\cup C)=(A-B)\cap(A-C)$	21
	$A-(B\cap C)=(A-B)\cup(A-C)$	22
	$\sim(A\cup B)=\sim A\cap\sim B$	23
	$\sim(A\cap B)=\sim A\cup\sim B$	24
	$\sim\varnothing=E$	25
	$\sim E=\varnothing$	26
双重否定律	$\sim(\sim A)=A$	27

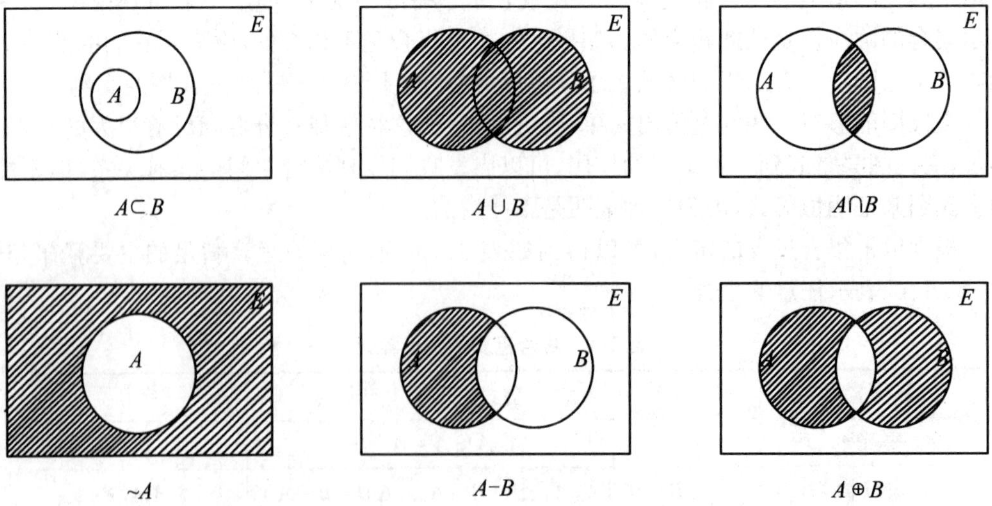

图 3.1 文氏图实例

除了以上的算律以外，还有一些关于集合运算性质的重要结果，如表 3.2 所示。

表 3.2　集合运算性质的重要结果

公式	序号
$A\cap B\subseteq A,A\cap B\subseteq B$	1,2
$A\subseteq A\cup B,B\subseteq A\cup B$	3,4
$A-B\subseteq A$	5
$A-B=A\cap\sim B$	6
$A\cup B=B\Leftrightarrow A\subseteq B\Leftrightarrow A\cap B=A\Leftrightarrow A-B=\varnothing$	7
$A\oplus A=\varnothing$	8
$A\oplus B=A\oplus C\Rightarrow B=C$	9

【例 3.7】　证明：$A-(B\cup C)=(A-B)\cap(A-C)$。

证明：对于 $\forall x$，有

$$
\begin{aligned}
& x\in A-(B\cup C)\\
&\quad\Leftrightarrow(x\in A)\wedge(x\notin B\cup C)\\
&\quad\Leftrightarrow(x\in A)\wedge\neg(x\in B\cup C)\\
&\quad\Leftrightarrow(x\in A)\wedge(\neg x\in B\wedge\neg x\in C)\\
&\quad\Leftrightarrow(x\in A)\wedge(x\notin B\wedge x\notin C)\\
&\quad\Leftrightarrow(x\in A\wedge x\notin B)\wedge(x\in A\wedge x\notin C)\\
&\quad\Leftrightarrow x\in(A-B)\wedge x\in(A-C)
\end{aligned}
$$

所以

$$A-(B\cup C)=(A-B)\cap(A-C)$$

【例 3.8】　设 $A\subseteq B$，证明：$\sim B\subseteq\sim A$。

证明：已知 $A\subseteq B$，得 $B\cap A=A$。所以

$$\sim B\cup\sim A=\sim(B\cap A)=\sim A\quad\text{（德・摩根律）}$$

所以 $\sim B\subseteq\sim A$。

【例 3.9】　已知 $A\oplus B=A\oplus C$，证明：$B=C$。

证明：已知 $A\oplus B=A\oplus C$。所以

$$
\begin{aligned}
A\oplus(A\oplus B)&=A\oplus(A\oplus C)\\
(A\oplus A)\oplus B&=(A\oplus A)\oplus C\\
\varnothing\oplus B&=\varnothing\oplus C
\end{aligned}
$$

所以 $B=C$。

3.3　有穷集的计数和容斥原理

集合中所含元素的多少，称为集合的**基数**。若集合 A 含有 n 个元素，则称 A 的基数

为n,记作 card $A=n$ 或$|A|=n$。显然,空集的基数是0,即$|\varnothing|=0$。

定义 3.10 设A为集合,若存在自然数n(0也是自然数),使得$|A|=\text{card }A=n$,则称A为**有穷集**,否则称A为**无穷集**。

例如,$\{a,b,c\}$是有穷集,**N**(自然数集),**Z**(整数集),**Q**(有理数集),**R**(实数集)等都是无穷集。本节讨论的计数问题只针对有穷集。

使用文氏图可以很方便地解决有穷集的计数问题。

【例 3.10】 已知有100名学生,其中47名通过了国家英语四级考试,有35名通过了国家英语六级考试[①],23人既通过了四级也通过了六级英语考试,问有多少人既未通过四级也未通过六级英语考试?

解 设A和B分别代表通过了国家英语四级考试和六级考试的学生的集合,则该问题对应的文氏图可由图3.2表示。

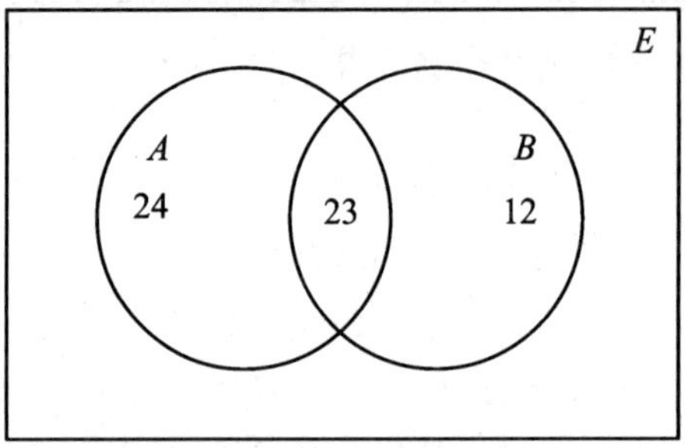

图 3.2 例 3.10 文氏图

图中,$|A|=47$,即通过了英语四级考试的人数;$|B|=35$,即通过了英语六级考试的人数;通过了英语四级且通过英语六级考试的人数23应填到$A\cap B$对应的区域中,即$|A\cap B|=23$;既未通过英语四级也未通过英语六级英语考试的学生集合可表示为$\sim(A\cup B)$。从图中不难看出:

$$|A-B|=|A|-|A\cap B|=47-23=24$$
$$|B-A|=|B|-|A\cap B|=35-23=12$$

所以

$$|A\cup B|=|A-B|+|A\cap B|+|B-A|=24+23+12=59$$

所以既未通过英语四级也未通过英语六级考试的学生人数应为

$$|\sim(A\cup B)|=|E|-|A\cup B|=100-59=41$$

由上例可以看出:

使用文氏图解决有穷集的计数问题时,首先根据条件把对应的文氏图画出来。一般来说,每一条性质决定一个集合,有多少条性质,就有多少个集合。如果没有特殊的说明,任何两个集合都画成相交的,然后将已知的元素个数填入该集合的区域内。通常从n个集合的交集填起,根据计算的结果将数字逐步填入所有的空白区域。如果交集的数字未知,可以设为x,之后再根据题目中的条件,列出一次方程或方程组,就可以求得所需要的结果。

---

① 在该例中,不考虑现实问题,即能否报考国家英语六级考试与是否通过其四级考试无关。

【例 3.11】 对 24 名会外语的科技人员进行掌握外语情况的调查，统计结果如下：会英、德、法和日语的人数分别为 13、10、9 和 5 人，其中同时会英语和日语的有 2 人，会英、德和法语中任两种语言的都是 4 人。已知会日语的人既不懂法语也不懂德语，分别求只会一种语言（英、德、法、日）的人数和会三种语言的人数。

解 令 A、B、C、D 分别表示会英、德、法、日语的人的集合。根据题意画出文氏图，如图 3.3 所示。设同时会三种语言的有 x 人，只会英、德或法语一种语言的人数分别为 y_1、y_2、y_3 人。将 x 和 y_1、y_2、y_3 填入图中相应的区域，然后依次填入其他区域的人数。

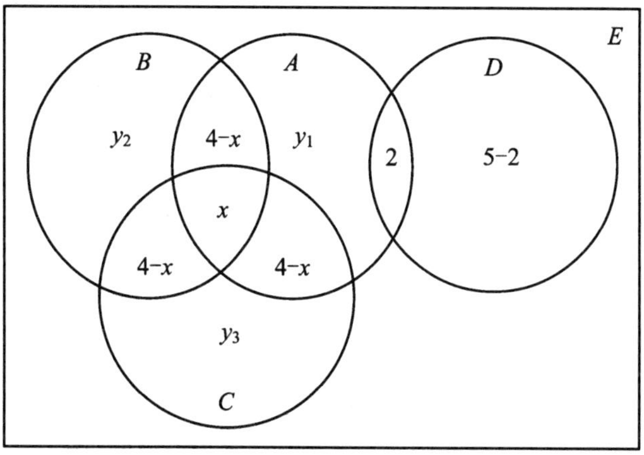

图 3.3 例 3.11 文氏图

根据已知条件列出如下方程组：

$$\begin{cases} y_1 + 2(4 - x) + x + 2 = 13 \\ y_2 + 2(4 - x) + x = 10 \\ y_3 + 2(4 - x) + x = 9 \\ y_1 + y_2 + y_3 + 3(4 - x) + x = 19 \end{cases}$$

解得

$$x = 1, \quad y_1 = 4, \quad y_2 = 3, \quad y_3 = 2$$

即只会英语的有 4 人，只会德语的有 3 人，只会法语的有 2 人，只会日语的有 3 人，会三种语言（英、德和法语）的人数为 1 人。

根据集合运算的定义，由文氏图可得

$$|A_1 \cup A_2| \leqslant |A_1| + |A_2|$$

$$|A_1 \cap A_2| \leqslant \min(|A_1|, |A_2|)$$

$$|A_1 - A_2| \geqslant |A_1| - |A_2|$$

$$|A_1 \oplus A_2| = |A_1| + |A_2| - 2|A_1 \cap A_2|$$

除了使用文氏图的方法外，对于有穷集的计数还有一个重要的原理——**容斥原理**。

设 S 是有穷集，P_1 和 P_2 分别表示两种性质，对于 S 中的任何一个元素 x，只能处于以下四种情况之一：只具有性质 P_1，只具有性质 P_2，具有 P_1 和 P_2 两种性质，两种性质都不具有。令 A_1 和 A_2 分别表示 S 中具有性质 P_1 和 P_2 的元素的集合。由文氏图不难得

$$|\sim A_1 \cap \sim A_2| = |S| - (|A_1| + |A_2|) + |A_1 \cap A_2|$$

这是容斥原理的一种简单形式。如果涉及 3 条性质，则容斥原理的公式将变为

$$\begin{aligned}&|\sim A_1\cap\sim A_2\cap\sim A_3|\\&\quad=|S|-(|A_1|+|A_2|+|A_3|)+|A_1\cap A_2|\\&\quad+|A_1\cap A_3|+|A_2\cap A_3|-|A_1\cap A_2\cap A_3|\end{aligned}$$

一般地，容斥原理可描述为定理 3.2。

定理 3.2（容斥原理） 设 S 是有穷集，P_1、P_2、…、P_n 是 n 条性质。对于 S 中的任何一个元素 x，它或者具有性质 P_i，或者不具有性质 P_i，两种情况必居其一。令 A_i 表示 S 中具有性质 P_i 的元素构成的集合，则 S 中不具有性质 P_1、P_2、…、P_n 的元素数可表示为

$$\begin{aligned}&|\sim A_1\cap\sim A_2\cap\cdots\cap\sim A_n|\\&\quad=|S|-\sum_{i=1}^{n}|A_i|+\sum_{1\leqslant i<j\leqslant n}|A_i\cap A_j|\\&\quad-\sum_{1\leqslant i<j<k\leqslant n}|A_i\cap A_j\cap A_k|+\cdots\\&\quad+(-1)^n|A_1\cap A_2\cap\cdots\cap A_n|\end{aligned}$$

证明：设 S 是全集，由德·摩根律可得

$$\sim A_1\cap\sim A_2\cap\cdots\cap\sim A_n=\sim(A_1\cup A_2\cup\cdots\cup A_n)$$

因此

$$\begin{aligned}&|\sim A_1\cap\sim A_2\cap\cdots\cap\sim A_n|\\&\quad=|\sim(A_1\cup A_2\cup\cdots\cup A_n)|\\&\quad=|S|-|A_1\cup A_2\cup\cdots\cup A_n|\end{aligned}$$

由此，原定理可变为

$$\begin{aligned}&|A_1\cup A_2\cup\cdots\cup A_n|\\&\quad=\sum_{i=1}^{n}|A_i|-\sum_{1\leqslant i<j\leqslant n}|A_i\cap A_j|+\sum_{1\leqslant i<j<k\leqslant n}|A_i\cap A_j\cap A_k|\\&\quad+\cdots+(-1)^{n-1}|A_1\cap A_2\cap\cdots\cap A_n|\end{aligned}$$

应用数学归纳法对上式进行证明：

当 $n=2$ 时，即证明

$$|A_1\cup A_2|=|A_1|+|A_2|-|A_1\cap A_2|$$

若 $A_1\cap A_2=\varnothing$，有

$$|A_1\cup A_2|=|A_1|+|A_2|$$

则

$$|A_1\cup A_2|=|A_1|+|A_2|-|A_1\cap A_2|$$

成立。

若 $A_1\cap A_2\neq\varnothing$，有

$$\begin{aligned}|A_1|&=|(A_1\cap A_2)\cup(A_1\cap\sim A_2)|\\&=|A_1\cap A_2|+|A_1\cap\sim A_2|\end{aligned}$$

于是

$$|A_1\cap\sim A_2|=|A_1|-|A_1\cap A_2|$$

则

$$
\begin{aligned}
|A_1 \cup A_2| &= |(A_1 \cap A_2) \cup (A_1 \cap \sim A_2) \cup A_2| \\
&= |((A_1 \cap A_2) \cup A_2) \cup (A_1 \cap \sim A_2)| \\
&= |A_2 \cup (A_1 \cap \sim A_2)| \\
&= |A_2| + |A_1 \cap \sim A_2| \\
&= |A_1| + |A_2| - |A_1 \cap A_2|
\end{aligned}
$$

因此当 $n=2$ 时，$|A_1 \cup A_2| = |A_1| + |A_2| - |A_1 \cap A_2|$ 成立。

假设

$$
\begin{aligned}
&|A_1 \cup A_2 \cup \cdots \cup A_n| \\
&\quad = \sum_{i=1}^{n} |A_i| - \sum_{1 \leqslant i < j \leqslant n} |A_i \cap A_j| + \sum_{1 \leqslant i < j < k \leqslant n} |A_i \cap A_j \cap A_k| \\
&\qquad + \cdots + (-1)^{n-1} |A_1 \cap A_2 \cap \cdots \cap A_n|
\end{aligned}
$$

成立，则

$$
\begin{aligned}
&|A_1 \cup A_2 \cup \cdots \cup A_{n+1}| \\
&= |(A_1 \cup A_2 \cup \cdots \cup A_n) \cup A_{n+1}| \\
&= |A_1 \cup A_2 \cup \cdots \cup A_n| + |A_{n+1}| - |(A_1 \cup A_2 \cup \cdots \cup A_n) \cap A_{n+1}| \\
&= |A_1 \cup A_2 \cup \cdots \cup A_n| + |A_{n+1}| \\
&\quad - |(A_1 \cap A_{n+1}) \cup (A_2 \cap A_{n+1}) \cup \cdots \cup (A_n \cap A_{n+1})| \\
&= \sum_{i=1}^{n} |A_i| - \sum_{1 \leqslant i < j \leqslant n} |A_i \cap A_j| + \sum_{1 \leqslant i < j < k \leqslant n} |A_i \cap A_j \cap A_k| \\
&\quad + \cdots + (-1)^{n-1} |A_1 \cap A_2 \cap \cdots \cap A_n| + |A_{n+1}| \\
&\quad - (\sum_{i=1}^{n} |A_i \cap A_{n+1}| - \sum_{1 \leqslant i < j \leqslant n} |A_i \cap A_j \cap A_{n+1}| \\
&\quad + \sum_{1 \leqslant i < j < k \leqslant n} |A_i \cap A_j \cap A_k \cap A_{n+1}| \\
&\quad + \cdots + (-1)^{n-1} |A_1 \cap A_2 \cap \cdots \cap A_{n+1}|) \\
&= \sum_{i=1}^{n+1} |A_i| - \sum_{1 \leqslant i < j \leqslant n+1} |A_i \cap A_j| + \sum_{1 \leqslant i < j < k \leqslant n+1} |A_i \cap A_j \cap A_k| \\
&\quad + \cdots + (-1)^{n} |A_1 \cap A_2 \cap \cdots \cap A_{n+1}|
\end{aligned}
$$

综上，定理得证。

【例 3.12】 求 1～250 之间能被 2、3、5、7 中任何一个数整除的整数个数。

解 设 A_1、A_2、A_3、A_4 分别表示 1～250 之间能被 2、3、5、7 整除的整数集合，$[x]$ 表示小于或等于 x 的最大整数。

$$
\begin{aligned}
&|A_1| = [250/2] = 125, \quad |A_2| = [250/3] = 83 \\
&|A_3| = [250/5] = 50, \quad |A_4| = [250/7] = 35 \\
&|A_1 \cap A_2| = [250/(2 \times 3)] = 41 \\
&|A_1 \cap A_3| = [250/(2 \times 5)] = 25 \\
&|A_1 \cap A_4| = [250/(2 \times 7)] = 17 \\
&|A_2 \cap A_3| = [250/(3 \times 5)] = 16 \\
&|A_2 \cap A_4| = [250/(3 \times 7)] = 11
\end{aligned}
$$

$$|A_3 \cap A_4| = [250/(5 \times 7)] = 7$$
$$|A_1 \cap A_2 \cap A_3| = [250/(2 \times 3 \times 5)] = 8$$
$$|A_1 \cap A_2 \cap A_4| = [250/(2 \times 3 \times 7)] = 5$$
$$|A_1 \cap A_3 \cap A_4| = [250/(2 \times 5 \times 7)] = 3$$
$$|A_2 \cap A_3 \cap A_4| = [250/(3 \times 5 \times 7)] = 2$$
$$|A_1 \cap A_2 \cap A_3 \cap A_4| = [250/(2 \times 3 \times 5 \times 7)] = 1$$

所以由容斥原理得

$$\begin{aligned} |A_1 \cup A_2 \cup A_3| &= |A_1| + |A_2| + |A_3| + |A_4| - |A_1 \cap A_2| - |A_1 \cap A_3| \\ &\quad - |A_1 \cap A_4| - |A_2 \cap A_3| - |A_2 \cap A_4| - |A_3 \cap A_4| \\ &\quad + |A_1 \cap A_2 \cap A_3| + |A_1 \cap A_2 \cap A_4| + |A_1 \cap A_3 \cap A_4| \\ &\quad + |A_2 \cap A_3 \cap A_4| - |A_1 \cap A_2 \cap A_3 \cap A_4| \\ &= 125 + 83 + 50 + 35 - 41 - 25 - 17 - 16 - 11 - 7 \\ &\quad + 8 + 5 + 3 + 2 - 1 \\ &= 193 \end{aligned}$$

所以 1～250 之间能被 2、3、5、7 任一个数整除的整数有 193 个。

【例 3.13】 某工厂装配 30 辆汽车，可供选择的设备有收音机、空气调节器和对讲机。已知其中 15 辆有收音机，8 辆有空气调节器，6 辆有对讲机，且其中 3 辆这三种设备都有。请问至少多少辆汽车未提供任何设备？

解 设 A_1、A_2、A_3分别表示配有收音机、空气调节器、对讲机的汽车的集合，则依题意有

$$|A_1| = 15, \quad |A_2| = 8, \quad |A_3| = 6, \quad |A_1 \cap A_2 \cap A_3| = 3$$

根据容斥原理得

$$\begin{aligned} &|A_1 \cup A_2 \cup A_3| \\ &\quad = |A_1| + |A_2| + |A_3| - |A_1 \cap A_2| - |A_1 \cap A_3| \\ &\quad - |A_2 \cap A_3| + |A_1 \cap A_2 \cap A_3| \\ &\quad = 15 + 8 + 6 - |A_1 \cap A_2| - |A_1 \cap A_3| - |A_2 \cap A_3| + 3 \\ &\quad = 32 - |A_1 \cap A_2| - |A_1 \cap A_3| - |A_2 \cap A_3| \end{aligned}$$

又因

$$|A_1 \cap A_2| \geqslant |A_1 \cap A_2 \cap A_3|$$
$$|A_1 \cap A_3| \geqslant |A_1 \cap A_2 \cap A_3|$$
$$|A_2 \cap A_3| \geqslant |A_1 \cap A_2 \cap A_3|$$

所以

$$|A_1 \cup A_2 \cup A_3| \leqslant 32 - 3 - 3 - 3 = 23$$

即至多有 23 辆汽车有一个或几个供选择的设备，因此至少有 7 辆汽车未提供任何设备。

习　题　3

1. 用列举法表示下列集合。

(1) $A = \{x \mid x \in \mathbf{N} \wedge x^2 \leqslant 7\}$。

(2) $A=\{x \mid x \in \mathbf{N} \wedge |3-x|<3\}$。

(3) $A=\{x \mid x \in \mathbf{R} \wedge (x+1)^2 \leqslant 9\}$。

2. 分别根据下列所给 A、B 集合，计算 $A \cup B$、$A \cap B$、$A-B$、$A \oplus B$。

(1) $A=\{\{a,b\},c\}$，$B=\{c,d\}$。

(2) $A=\{x \mid x \in \mathbf{Z} \wedge x<0\}$，$B=\{x \mid x \in \mathbf{Z} \wedge x \geqslant 2\}$。

3. 确定下列命题是否为真。

(1) $\{a,b\} \subseteq \{a,b,c,\{a,b\}\}$。

(2) $\{a,b\} \in \{a,b,c,\{a,b\}\}$。

(3) $\{a,b\} \subseteq \{a,b,\{\{a,b\}\}\}$。

(4) $\{a,b\} \in \{a,b,\{\{a,b\}\}\}$。

4. 确定下列集合的幂集。

(1) $\{a,\{a\}\}$。

(2) $\{\{a,\{b,c\}\}\}$。

(3) $\{\varnothing,a,\{b\}\}$。

(4) $P(\varnothing)$。

(5) $P(P(\varnothing))$。

5. 设 $A=\{\varnothing\}$，$B=P(P(A))$，判断下列命题的真假。

(1) $\varnothing \in B$，$\varnothing \subseteq B$。

(2) $\{\varnothing\} \in B$，$\{\varnothing\} \subseteq B$。

(3) $\{\{\varnothing\}\} \in B$，$\{\{\varnothing\}\} \subseteq B$。

6. 设 A、B、C 为任意的集合，证明：

(1) $(A-B)-C=A-(B \cup C)$。

(2) $(A-B) \cup B=A \cup B$。

(3) $A \cap (B \oplus C)=(A \cap B) \oplus (A \cap C)$。

(4) $((A \cup B \cup C) \cap (A \cup B))-((A \cup (B-C)) \cap A)=B-A$。

(5) $(A \oplus B) \oplus C=A \oplus (B \oplus C)$。

7. 用文氏图表示以下集合。

(1) $\sim A \cup (B \cap C)$。

(2) $(A \oplus B)-C$。

(3) $A \cup (C \cap \sim B)$。

8. 在 10 名青年中有 5 名是工人，7 名是学生，其中具有工人和学生双重身份的青年有 3 名，求既不是工人又不是学生的青年有几名？

9. 求 1～1000 之间（包括 1 和 1000）既不能被 5，也不能被 6 和 8 整除的整数有多少个？

10. 某班级有 25 名学生，其中 14 人会打篮球，12 人会打排球，6 人会打篮球和排球，5 人会打篮球和网球，还有 2 人会打篮球、排球和网球，而 6 个会打网球的人都会打另外一种球（篮球或排球），求这 3 种都不会打的学生人数。

第4章　二元关系和函数

关系是日常生活以及数学中的一个基本概念，如师生关系、同事关系、位置关系、包含关系、大小关系等。关系理论与集合论、数理逻辑、组合数学、图论和布尔代数都有密切的联系。关系理论还被广泛应用于计算机科学技术中，当前主流的数据库均是建立在关系数据库模型基础上的。

4.1　笛卡儿积与二元关系

4.1.1　笛卡儿积

定义 4.1　由两个元素 x 和 y(允许 $x=y$)按一定的顺序排列成的二元组叫作一个**有序对**(也称**序偶**)，记作 $\langle x,y\rangle$。其中 x 是它的**第一元素**，y 是它的**第二元素**。

序偶可以被看作是具有两个元素的集合，但它与一般集合不同的是，它具有确定的次序。在集合中，$\{a,b\}=\{b,a\}$，但对序偶 $\langle a,b\rangle\neq\langle b,a\rangle$(当 $a\neq b$ 时)。

序偶具有以下特点：

(1) 当 $x\neq y$ 时，$\langle x,y\rangle\neq\langle y,x\rangle$。

(2) 两个序偶相等的充要条件是它们的第一元素相等且第二元素相等，即 $\langle x,y\rangle=\langle u,v\rangle\Leftrightarrow x=u$ 且 $y=v$。

【例 4.1】　已知 $\langle x+2,16\rangle=\langle 7,2x+y\rangle$，求 x 和 y。

解　由序偶相等的充要条件可得

$$\langle x+2,16\rangle=\langle 7,2x+y\rangle\Leftrightarrow x+2=7 \text{ 且 } 16=2x+y$$

所以 $x=5,y=6$。

应该指出的是：序偶 $\langle a,b\rangle$ 中的两个元素不一定来自同一个集合，它们可以代表不同类型的事物。例如，a 代表操作码，b 代表地址码，则序偶 $\langle a,b\rangle$ 就代表一条单地址指令。

二元序偶的概念可以推广到有序三元组的情况。在实际问题中，有时还会用到有序四元组，有序五元组，……，有序 n 元组。例如，空间直角坐标系中的坐标 $\langle 3,-2,5\rangle$ 是一个有序三元组，图书馆的记录〈书目类别，书号，书名，作者，出版社，年份〉是一个有序六元组等。下面对有序 n 元组进行定义。

定义 4.2　一个有序 $n(n\geqslant 3)$ 元组是一个序偶，它的第一元素是一个有序 $n-1$ 元组，一个有序 n 元组可记作 $\langle x_1,x_2,\cdots,x_n\rangle$，即 $\langle x_1,x_2,\cdots,x_n\rangle=\langle\langle x_1,x_2,\cdots,x_{n-1}\rangle,$

$x_n\rangle$，且有

$$\langle\langle x_1,x_2,\cdots,x_{n-1}\rangle,x_n\rangle = \langle\langle a_1,a_2,\cdots,a_{n-1}\rangle,a_n\rangle$$
$$\Leftrightarrow(x_1 = a_1) \wedge (x_2 = a_2) \wedge \cdots \wedge (x_n = a_n)$$

由于序偶$\langle x,y\rangle$的元素可以分别属于不同的集合，因此任给两集合 A 和B，可以定义一种序偶的集合。

定义 4.3 设 A、B 为集合，以 A 中的元素为第一元素，B 中的元素为第二元素，构成的序偶的集合叫作 A 和B 的**笛卡儿积**或**直积**，记作 $A\times B$。即

$$A \times B = \{\langle x,y\rangle \mid x \in A \wedge y \in B\}$$

由排列组合的知识不难证明，如果$|A| = m$、$|B| = n$，则$|A\times B| = m\times n$。

笛卡儿积有以下性质：

(1) $A\times\varnothing=\varnothing\times B=\varnothing$。

(2) 当 $A\neq B$ 且A、B 都不是空集时，$A\times B\neq B\times A$，即一般来说，笛卡儿积运算不满足交换律。

(3) 笛卡儿积运算不满足结合律，即当 A、B、C 都不是空集时，$(A\times B)\times C\neq A\times(B\times C)$。这是因为，由笛卡儿积定义知

$$(A \times B) \times C = \{\langle\langle a,b\rangle,c\rangle \mid (\langle a,b\rangle \in A \times B) \wedge c \in C\}$$
$$= \{\langle a,b,c\rangle \mid a \in A \wedge b \in B \wedge c \in C\}$$
$$A \times (B \times C) = \{\langle a,\langle b,c\rangle\rangle \mid a \in A \wedge (\langle b,c\rangle \in B \times C)\}$$

由于$\langle a,\langle b,c\rangle\rangle$不是 n 元组，所以$(A\times B)\times C\neq A\times(B\times C)$。

(4) 笛卡儿积对并运算和交运算满足分配律：

$$A \times (B \cup C) = (A \times B) \cup (A \times C)$$
$$A \times (B \cap C) = (A \times B) \cap (A \times C)$$
$$(A \cup B) \times C = (A \times C) \cup (B \times C)$$
$$(A \cap B) \times C = (A \times C) \cap (B \times C)$$

以下我们只证明其中的第二个等式，其余的留给读者完成。

证明：对任意的$\langle x,y\rangle$，有

$$\langle x,y\rangle \in A \times (B \cap C)$$
$$\Leftrightarrow x \in A \wedge y \in B \cap C$$
$$\Leftrightarrow x \in A \wedge y \in B \wedge y \in C$$
$$\Leftrightarrow (x \in A \wedge y \in B) \wedge (x \in A \wedge y \in C)$$
$$\Leftrightarrow \langle x,y\rangle \in A \times B \wedge \langle x,y\rangle \in A \times C$$
$$\Leftrightarrow \langle x,y\rangle \in (A \times B) \cap (A \times C)$$

所以

$$A \times (B \cap C) = (A \times B) \cap (A \times C)$$

【例 4.2】 已知 $A=\{1,2,3\}$，$B=\{a,b,c\}$，$C=\varnothing$，求 $A\times B$、$B\times A$、$A\times A$、$A\times C$、$C\times A$。

解 由笛卡儿积的定义可得

$$A \times B = \{\langle 1,a\rangle,\langle 1,b\rangle,\langle 1,c\rangle,\langle 2,a\rangle,\langle 2,b\rangle,\langle 2,c\rangle,$$
$$\langle 3,a\rangle,\langle 3,b\rangle,\langle 3,c\rangle\}$$

$$B \times A = \{\langle a,1\rangle,\langle b,1\rangle,\langle c,1\rangle,\langle a,2\rangle,\langle b,2\rangle,\langle c,2\rangle,\langle a,3\rangle,\langle b,3\rangle,\langle c,3\rangle\}$$

$$A \times A = \{\langle 1,1\rangle,\langle 1,2\rangle,\langle 1,3\rangle,\langle 2,1\rangle,\langle 2,2\rangle,\langle 2,3\rangle,\langle 3,1\rangle,\langle 3,2\rangle,\langle 3,3\rangle\}$$

$$A \times C = \varnothing$$

$$C \times A = \varnothing$$

【例 4.3】 设 A、B、C、D 为任意的集合，判断以下等式是否成立，并说明为什么。

(1) $(A\cap B)\times(C\cap D)=(A\times C)\cap(B\times D)$。

(2) $(A\oplus B)\times(C\oplus D)=(A\times C)\oplus(B\times D)$。

解 (1) 成立。因为对于任意的$\langle x,y\rangle$，有

$$\begin{aligned}
&\langle x,y\rangle \in(A\cap B)\times(C\cap D)\\
&\Leftrightarrow(x\in A\cap B)\wedge(y\in C\cap D)\\
&\Leftrightarrow(x\in A)\wedge(x\in B)\wedge(y\in C)\wedge(y\in D)\\
&\Leftrightarrow(\langle x,y\rangle\in A\times C)\wedge(\langle x,y\rangle\in B\times D)\\
&\Leftrightarrow\langle x,y\rangle\in(A\times C)\cap(B\times D)
\end{aligned}$$

(2) 不成立。举反例：设 $A=\{a\}$，$B=\{b\}$，$C=\{c\}$，$D=\{d\}$，则

$$\begin{aligned}
(A\oplus B)\times(C\oplus D)&=\{a,b\}\times\{c,d\}\\
&=\{\langle a,c\rangle,\langle a,d\rangle,\langle b,c\rangle,\langle b,d\rangle\}\\
(A\times C)\oplus(B\times D)&=\{\langle a,c\rangle\}\oplus\{\langle b,d\rangle\}\\
&=\{\langle a,c\rangle,\langle b,d\rangle\}
\end{aligned}$$

所以

$$(A\oplus B)\times(C\oplus D)\neq(A\times C)\oplus(B\times D)$$

可以将两个集合的笛卡儿积推广到 $n(n\geqslant2)$个集合的笛卡儿积，下面给出 n 个集合的笛卡儿积的定义。

定义 4.4 设 A_1、A_2、…、$A_n(n\geqslant2)$是集合，记它们的 n **阶笛卡儿积**为 $A_1\times A_2\times\cdots\times A_n$，其中

$$A_1\times A_2\times\cdots\times A_n=\{\langle x_1,x_2,\cdots,x_n\rangle\mid(x_1\in A_1)\wedge(x_2\in A_2)\wedge\cdots\wedge(x_n\in A_n)\}$$

当 $A_1=A_2=\cdots=A_n=A$ 时，可将它们的 n 阶笛卡儿积简记为 A^n，这里 $A^n=A^{n-1}\times A$。例如，可将 $A\times A$ 记为A^2，将 $A\times A\times A$ 记为A^3。

4.1.2 二元关系

二元关系是集合中两个元素之间的某种相关性。例如，甲、乙、丙 3 个人进行乒乓球比赛，任何 2 个人之间都要比赛一场。假设比赛结果是乙胜甲，甲胜丙，乙胜丙。则比赛结果可表示为{〈乙，甲〉，〈甲，丙〉，〈乙，丙〉}。若设$\langle x,y\rangle$表示 x 胜 y，它表示了集合{甲，乙，丙}中两个元素之间的一种胜负关系。再如，A、B、C 3 个工人和 4 项工作 G_1、G_2、G_3、G_4，已知 A 可以从事工作G_1和 G_4，B 可以从事工作G_3，C 可以从事工作G_1和 G_2。那么，工人和工作之间的对应关系可以记作$\{\langle A,G_1\rangle,\langle A,G_4\rangle,\langle B,G_3\rangle,\langle C,G_1\rangle,\langle C,G_2\rangle\}$。它表示了工人的集合$\{A,B,C\}$到工作的集合$\{G_1,G_2,G_3,G_4\}$之间的关系。

在数学上，关系可表达集合中元素间的联系，如“3 小于 5”，“点 a 在 b 与 c 之间”等。即除了二元关系以外，还有多元关系。本书只讨论二元关系，以后凡出现关系的地方均指二元关系。

定义 4.5 如果一个集合为空集或它的元素都是有序对(序偶)，则称这个集合是一个**二元关系**，一般记作 R。对于二元关系 R，如果 $\langle x, y\rangle \in R$，则记作 xRy；如果 $\langle x, y\rangle \notin R$，则记作 $x \not{R} y$。

例如：实数集上的大于关系是实数集上的二元关系，它可记作 $> = \{\langle x, y\rangle \mid x, y$ 是实数且 $x > y\}$；如有 $A=\{0,1\}$、$B=\{1,2,3\}$、$R_1=\{\langle 0,2\rangle\}$、$R_2=A\times B$、$R_3=\varnothing$、$R_4=\{\langle 0,1\rangle\}$，则 R_1、R_2、R_3、R_4 是从 A 到 B 的二元关系，R_3 和 R_4 同时也是 A 上的二元关系。

定义 4.6 设 A、B 为集合，$A\times B$ 的任何子集所定义的二元关系称作**从 A 到 B 的二元关系**。特别地，当 $A=B$ 时，则称作 **A 上的二元关系**。

对于任意集合 A，有 3 种特殊的关系：

(1) 空集 $\varnothing$，它是 $A\times A$ 的子集，也是 A 上的关系，称为**空关系**。

(2) $A\times A$，称作 A 上的**全域关系** E_A。

(3) A 上的**恒等关系** I_A 是 A 上的二元关系且满足 $I_A=\{\langle x, x\rangle \mid x\in A\}$。

通常，集合 A 上的不同二元关系的数目依赖于 A 的基数。如果 $|A|=n$、$|B|=m$，则 $|A\times B|=n\times m$，$A\times B$ 的子集有 $2^{n\times m}$ 个。所以从 A 到 B 上有 $2^{n\times m}$ 个不同的二元关系。如果 $|A|=n$，则 $|A\times A|=n^2$，$A\times A$ 的子集有 2^{n^2} 个。所以 A 上有 2^{n^2} 个不同的二元关系。例如，$|A|=3$，则 A 上有 512 个不同的二元关系。

除了上述 3 种特殊的关系外，我们还可以根据需要定义一些其他的二元关系。例如，设 A 为实数集 $\mathbf{R}$ 的某个子集，则 A 上的小于等于关系 L_A、整除关系 D_A、包含关系 $R_{\subseteq}$ 可分别定义为

$$L_A = \{\langle x, y\rangle \mid x, y \in A \wedge x \leqslant y\}$$

$$D_A = \{\langle x, y\rangle \mid x, y \in A \wedge x \text{ 整除 } y\}$$

$$R_{\subseteq} = \{\langle x, y\rangle \mid x, y \in P(A) \wedge x \subseteq y\}$$

类似地，还可以定义大于等于关系、小于关系、大于关系、真包含关系等。

【例 4.4】 设 $A=\{a, b\}$，$B=P(A)$，求 A 上的恒等关系 I_A 和 B 上的包含关系 $R_{\subseteq}$。

解 A 上的恒等关系

$$I_A = \{\langle a, a\rangle, \langle b, b\rangle\}$$

因

$$B = P(A) = \{\varnothing, \{a\}, \{b\}, \{a, b\}\}$$

则 B 上的包含关系

$$\begin{aligned} R_{\subseteq} &= \{\langle x, y\rangle \mid x, y \in P(A) \wedge x \subseteq y\} \\ &= \{\langle \varnothing, \varnothing\rangle, \langle \varnothing, \{a\}\rangle, \langle \varnothing, \{b\}\rangle, \langle \varnothing, \{a, b\}\rangle, \langle \{a\}, \{a\}\rangle, \\ &\quad \langle \{a\}, \{a, b\}\rangle, \langle \{b\}, \{b\}\rangle, \langle \{b\}, \{a, b\}\rangle, \langle \{a, b\}, \{a, b\}\rangle\} \end{aligned}$$

二元关系 R 除了可用以上的序偶集合的形式表达以外，也可用关系矩阵和关系图给出。

定义 4.7 设给定两个集合 $A=\{a_1, a_2, \cdots, a_m\}$ 和 $B=\{b_1, b_2, \cdots, b_n\}$，$R$ 是从 A 到 B 的二元关系，称矩阵 $\boldsymbol{M}_R=(r_{ij})_{m\times n}$ 为关系 R 的关系矩阵，其中

$$r_{ij}=\begin{cases}1, & \langle a_i,b_j\rangle\in R\\ 0, & \langle a_i,b_j\rangle\notin R\end{cases}\quad (i=1,2,\cdots,m;j=1,2,\cdots,n)$$

【例 4.5】 设 $X=\{x_1,x_2,x_3,x_4\}$，$Y=\{y_1,y_2,y_3\}$，$R=\{\langle x_1,y_1\rangle,\langle x_1,y_3\rangle,\langle x_2,y_2\rangle,\langle x_2,y_3\rangle,\langle x_3,y_1\rangle,\langle x_4,y_1\rangle,\langle x_4,y_2\rangle\}$，写出关系 R 的关系矩阵 $\boldsymbol{M}_R$。

解 关系矩阵

$$\boldsymbol{M}_R=\begin{bmatrix}1&0&1\\0&1&1\\1&0&0\\1&1&0\end{bmatrix}$$

【例 4.6】 设 $A=\{1,2,3,4\}$，写出集合 A 上大于关系的关系矩阵。

解 因

$$R_>=\{\langle 2,1\rangle,\langle 3,1\rangle,\langle 3,2\rangle,\langle 4,1\rangle,\langle 4,2\rangle,\langle 4,3\rangle\}$$

所以关系矩阵

$$\boldsymbol{M}_>=\begin{bmatrix}0&0&0&0\\1&0&0&0\\1&1&0&0\\1&1&1&0\end{bmatrix}$$

有限集上的二元关系也可以用关系图来表示。

定义 4.8 设集合 $X=\{x_1,x_2,\cdots,x_m\}$ 到 $Y=\{y_1,y_2,\cdots,y_n\}$ 上的一个二元关系为 R，首先在平面上作出 m 个结点，分别记作 x_1、x_2、$\cdots$、x_m，然后另作 n 个结点，分别记作 y_1、y_2、$\cdots$、y_n。如果 x_iRy_j，则可自结点 x_i 至结点 y_j 作一有向弧，箭头指向 y_j；如果 $x_i R\, y_j$，则 x_i 与 y_j 间没有线段连接。用这种方法连接起来的图称为 R 的**关系图**。

值得注意的是：关系图主要表达的是结点之间的邻接关系，所以关系图与结点的位置和线段的长短无关。

【例 4.7】 画出例 4.5 的关系图。

解 关系图如图 4.1 所示。

【例 4.8】 设 $A=\{1,2,3,4,5\}$，A 上的二元关系 $R=\{\langle 1,5\rangle,\langle 1,4\rangle,\langle 2,3\rangle,\langle 3,1\rangle,\langle 3,4\rangle,\langle 4,4\rangle\}$，画出 R 的关系图。

解 关系图如图 4.2 所示。

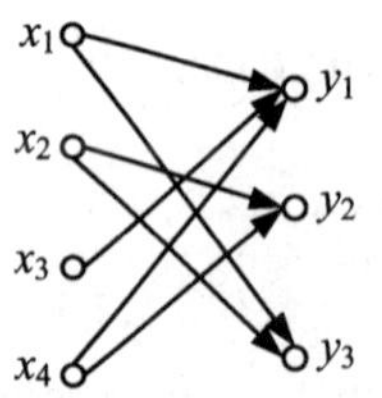

图 4.1 例 4.7 的关系图

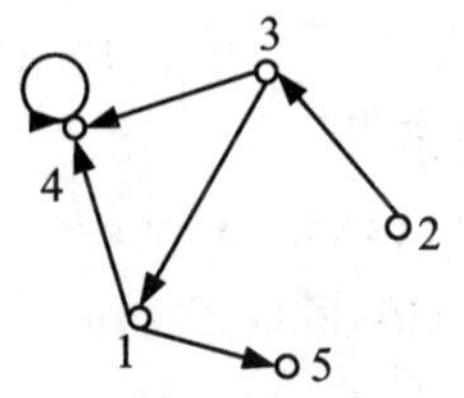

图 4.2 例 4.8 的关系图

4.2　关系的运算

关系作为序偶的集合，集合的运算（并、交、相对补、绝对补和对称差）都可以作为关系的运算。除此之外，关系还有如下一些特有的基本运算：

定义 4.9　令 R 为二元关系，由 $\langle x,y\rangle\in R$ 的所有 x 组成的集合称为 R 的**定义域**或**前域**，记作 dom R，即

$$\mathrm{dom}\,R=\{x\mid\exists y(\langle x,y\rangle\in R)\}$$

由 $\langle x,y\rangle\in R$ 的所有 y 组成的集合称为 R 的**值域**，记作 ran R，即

$$\mathrm{ran}\,R=\{y\mid\exists x(\langle x,y\rangle\in R)\}$$

R 的定义域和值域一起称作 R 的**域**，记作 fld R，即

$$\mathrm{fld}\,R=\mathrm{dom}\,R\cup\mathrm{ran}\,R$$

【例 4.9】　设下列关系是整数集 **Z** 上的二元关系，分别求它们的定义域、值域和域。

(1) $R_1=\{\langle 1,2\rangle,\langle 1,3\rangle,\langle 2,4\rangle,\langle 4,3\rangle\}$。

(2) $R_2=\{\langle x,y\rangle\mid x,y\in\mathbf{Z}\wedge x^2+y^2=1\}$。

解　(1) dom $R=\{1,2,4\}$，ran $R=\{2,3,4\}$，fld $R=\{1,2,3,4\}$。

(2) $R_2=\{\langle 0,1\rangle,\langle 0,-1\rangle,\langle 1,0\rangle,\langle -1,0\rangle\}$，dom R = ran R = fld $R=\{-1,0,1\}$。

4.2.1　关系的合成

定义 4.10　设有集合 A、B、C，R 是从 A 到 B 的关系，S 是从 B 到 C 的关系。R 和 S 的合成关系记作 $R\circ S$，则

$$R\circ S=\{\langle x,y\rangle\mid\exists z(\langle x,z\rangle\in S\wedge\langle z,y\rangle\in R)\}$$

【例 4.10】　设 R_1 和 R_2 是集合 $A=\{0,1,2,3\}$ 上的二元关系，$R_1=\{\langle x,y\rangle\mid y=x+1$ 或 $y=x/2\}$，$R_2=\{\langle x,y\rangle\mid x=y+2\}$。求 $R_1\circ R_2$、$R_2\circ R_1$、$(R_1\circ R_2)\circ R_1$、$(R_1\circ R_1)\circ R_1$。

解　$R_1=\{\langle 0,1\rangle,\langle 1,2\rangle,\langle 2,3\rangle,\langle 0,0\rangle,\langle 2,1\rangle\}$

$R_2=\{\langle 2,0\rangle,\langle 3,1\rangle\}$

$R_1\circ R_2=\{\langle 2,1\rangle,\langle 2,0\rangle,\langle 3,2\rangle\}$

$R_2\circ R_1=\{\langle 1,0\rangle,\langle 2,1\rangle\}$

$(R_1\circ R_2)\circ R_1=\{\langle 1,1\rangle,\langle 1,0\rangle,\langle 2,2\rangle\}$

$R_1\circ R_1=\{\langle 0,2\rangle,\langle 0,1\rangle,\langle 1,3\rangle,\langle 1,1\rangle,\langle 0,0\rangle,\langle 2,2\rangle\}$

$(R_1\circ R_1)\circ R_1=\{\langle 0,3\rangle,\langle 0,1\rangle,\langle 0,2\rangle,\langle 1,2\rangle,\langle 0,0\rangle,\langle 2,3\rangle,\langle 2,1\rangle\}$

定理 4.1　设 F、G、H 为任意的关系，则有：

(1) $(F\circ G)\circ H=F\circ(G\circ H)$，即关系的合成运算满足结合律。

(2) ① $F\circ(G\cup H)=F\circ G\cup F\circ H$。

② $F\circ(G\cap H)\subseteq F\circ G\cap F\circ H$。

③ $(G\cup H)\circ F=G\circ F\cup H\circ F$。

④ $(G\cap H)\circ F\subseteq G\circ F\cap H\circ F$。

证明：(2) ① 任取$\langle x,y\rangle$，有

$$\begin{aligned}&\langle x,y\rangle\in F\circ(G\cup H)\\ &\Leftrightarrow\exists z(\langle x,z\rangle\in G\cup H\wedge\langle z,y\rangle\in F)\\ &\Leftrightarrow\exists z((\langle x,z\rangle\in G\vee\langle x,z\rangle\in H)\wedge\langle z,y\rangle\in F)\\ &\Leftrightarrow\exists z(\langle x,z\rangle\in G\wedge\langle z,y\rangle\in F)\vee\exists z(\langle x,z\rangle\in H\wedge\langle z,y\rangle\in F)\\ &\Leftrightarrow\langle x,y\rangle\in F\circ G\vee\langle x,y\rangle\in F\circ H\\ &\Leftrightarrow\langle x,y\rangle\in F\circ G\cup F\circ H\end{aligned}$$

所以

$$F\circ(G\cup H)=F\circ G\cup F\circ H$$

其他证明从略。

如果我们把二元关系看作是一种作用，xRy 即$\langle x,y\rangle\in R$ 可以解释为 x 通过 R 的作用变到 y，那么本小节定义的合成运算 $F\circ G$ 表示存在着某个中间变量 z，x 通过 G 变到 z，z 再通过 F 变到 y，也就是 x 通过 $F\circ G$ 的作用最终变到 y。我们把这种合成运算叫作左合成。类似地，也可以定义关系的右合成，即 $F\circ G=\{\langle x,y\rangle\mid\exists z(xFz\wedge zGy)\}$。所不同的是，右合成 $F\circ G$ 表示在右边的 G 是合成到 F 上的第二步作用，而左合成 $F\circ G$ 则恰好相反，即 G 先作用，然后将 F 复合到 G 上。这两种规定都是合理的。本书采用的是左合成的定义，这与后面函数的复合运算次序是一致的，而其他书中可能采用右合成的定义，请读者注意两者的区别。

定义 4.11 设 R 为 A 上的关系，n 为自然数，则将 R 的 n **次幂**规定如下：

(1) $R^0=\{\langle x,x\rangle\mid x\in A\}$。

(2) $R^n=R^{n-1}\circ R,n\geqslant 1$。

由定义可知，R^0是 A 上的恒等关系 I_A，不难证明

$$R\circ R^0=R=R^0\circ R$$

由这个等式可得

$$R^1=R^0\circ R=R$$

【例 4.11】 设 $A=\{a,b,c,d\}$，$R=\{\langle a,b\rangle,\langle b,a\rangle,\langle b,c\rangle,\langle c,d\rangle\}$，求 R^0、R^1、R^2、R^3、R^4、R^5。

解 在有穷集 A 上给定关系 R 和自然数 n，求 R^n 有以下 3 种方法：

方法一 集合运算，即先计算 $R\circ R=R^2$，然后再求 $R^2\circ R=R^3$，以此类推。

$$\begin{aligned}R^0&=I_A=\{\langle a,a\rangle,\langle b,b\rangle,\langle c,c\rangle,\langle d,d\rangle\}\\ R^1&=R=\{\langle a,b\rangle,\langle b,a\rangle,\langle b,c\rangle,\langle c,d\rangle\}\\ R^2&=R\circ R=\{\langle a,a\rangle,\langle a,c\rangle,\langle b,b\rangle,\langle b,d\rangle\}\\ R^3&=R^2\circ R=\{\langle a,b\rangle,\langle b,a\rangle,\langle b,c\rangle,\langle a,d\rangle\}\\ R^4&=R^3\circ R=\{\langle a,a\rangle,\langle a,c\rangle,\langle b,b\rangle,\langle b,d\rangle\}=R^2\\ R^5&=R^4\circ R=\{\langle a,b\rangle,\langle b,a\rangle,\langle b,c\rangle,\langle a,d\rangle\}=R^3\end{aligned}$$

方法二 关系矩阵法，即首先找到 R 的关系矩阵$\boldsymbol{M}$，然后计算 $\boldsymbol{M}\cdot\boldsymbol{M}$、$\boldsymbol{M}\cdot\boldsymbol{M}\cdot\boldsymbol{M}$ 等，以此类推。

与普通矩阵乘法不同的是，在两个矩阵相乘时，其中的相加是逻辑加（析取），相乘是逻辑乘（合取），即

$$0+0=0,\quad 0+1=1,\quad 1+0=1,\quad 1+1=1$$
$$0\times 0=0,\quad 0\times 1=0,\quad 1\times 0=0,\quad 1\times 1=1$$

根据这个规则，R^0、R^2、…、R^5用关系矩阵法计算的过程就是：

R^0的关系矩阵为

$$\boldsymbol{M}^0=\begin{bmatrix}1&0&0&0\\0&1&0&0\\0&0&1&0\\0&0&0&1\end{bmatrix},\quad \boldsymbol{M}^1=\begin{bmatrix}0&1&0&0\\1&0&1&0\\0&0&0&1\\0&0&0&0\end{bmatrix}$$

$$\boldsymbol{M}^2=\begin{bmatrix}0&1&0&0\\1&0&1&0\\0&0&0&1\\0&0&0&0\end{bmatrix}\begin{bmatrix}0&1&0&0\\1&0&1&0\\0&0&0&1\\0&0&0&0\end{bmatrix}=\begin{bmatrix}1&0&1&0\\0&1&0&1\\0&0&0&0\\0&0&0&0\end{bmatrix}$$

$$\boldsymbol{M}^3=\begin{bmatrix}1&0&1&0\\0&1&0&1\\0&0&0&0\\0&0&0&0\end{bmatrix}\begin{bmatrix}0&1&0&0\\1&0&1&0\\0&0&0&1\\0&0&0&0\end{bmatrix}=\begin{bmatrix}0&1&0&1\\1&0&1&0\\0&0&0&0\\0&0&0&0\end{bmatrix}$$

$$\boldsymbol{M}^4=\begin{bmatrix}0&1&0&1\\1&0&1&0\\0&0&0&0\\0&0&0&0\end{bmatrix}\begin{bmatrix}0&1&0&0\\1&0&1&0\\0&0&0&1\\0&0&0&0\end{bmatrix}=\begin{bmatrix}1&0&1&0\\0&1&0&1\\0&0&0&0\\0&0&0&0\end{bmatrix}=\boldsymbol{M}^2$$

$$\boldsymbol{M}^5=\begin{bmatrix}1&0&1&0\\0&1&0&1\\0&0&0&0\\0&0&0&0\end{bmatrix}\begin{bmatrix}0&1&0&0\\1&0&1&0\\0&0&0&1\\0&0&0&0\end{bmatrix}=\begin{bmatrix}0&1&0&1\\1&0&1&0\\0&0&0&0\\0&0&0&0\end{bmatrix}=\boldsymbol{M}^3$$

所以有 $R^2=R^4=R^6=\cdots$，$R^3=R^5=R^7=\cdots$。

方法三　关系图，以求 R^3为例，需要对 R 的关系图 G 中的任何一个结点 x，考虑从 x 出发的长度为 3 的路径。如果路径的终点是 y，则在 R^3的关系图中有一条从 x 到 y 的有向边。其他以此类推。

R^0、R^1、…、R^5的关系图如图 4.3 所示，

可以证明：对于有穷集 A 和 A 上的关系 R，R 的不同幂只有有限个。

定理 4.2　设 R 为 A 上的关系，m、n 是自然数，则下面的等式成立。

(1) $R^m\circ R^n=R^{m+n}$。

(2) $(R^m)^n=R^{mn}$。

证明：任意给定 m，对 n 进行归纳。

(1) $n=0$，$R^m\circ R^0=R^m=R^{m+0}$，假设 $R^m\circ R^n=R^{m+n}$，则

$$\begin{aligned}R^m\circ R^{n+1}&=R^m\circ(R^n\circ R)\\&=(R^m\circ R^n)\circ R=R^{m+n}\circ R=R^{m+n+1}\end{aligned}$$

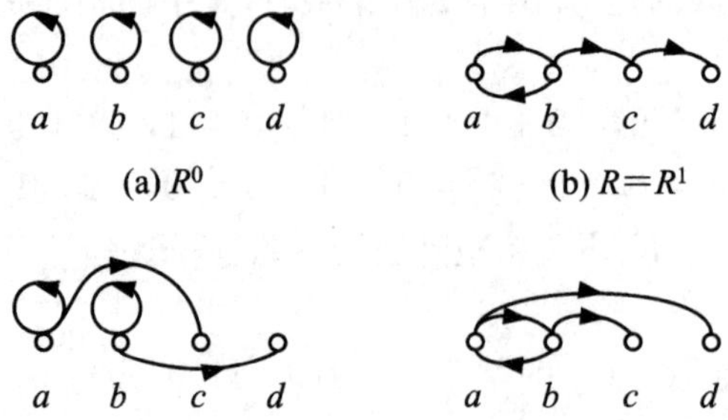

(a) R^0　(b) $R=R^1$

(c) $R^2=R^4$　(d) $R^3=R^5$

图 4.3　$R^0 \sim R^5$的关系图

(2) $n=0$,$(R^m)^0=R^0=R^{m\cdot 0}$,假设$(R^m)^n=R^{mn}$,则

$$(R^m)^{n+1} = (R^m)^n \circ R^m = R^{mn} \circ R^m = R^{mn+m} = R^{m(n+1)}$$

由归纳法知,(1)、(2)都成立。

4.2.2　关系的逆

定义 4.12　设 R 是从集合 A 到集合 B 的二元关系,若将 R 中每一序偶的元素顺序互换,得到的集合称为 R 的逆关系,记为 R^{-1},即

$$R^{-1} = \{\langle y,x\rangle \mid \langle x,y\rangle \in R\}$$

【例 4.12】　设 $A=\{1,2,3,4\}$,$B=\{a,b,c,d\}$,R 是从 A 到 B 的二元关系且 $R=\{\langle 1,a\rangle,\langle 2,c\rangle,\langle 3,b\rangle,\langle 4,b\rangle,\langle 4,d\rangle\}$。

(1) 计算 R^{-1},画出 R 和 R^{-1}的关系图。

(2) 写出 R 和 R^{-1}的关系矩阵。

解　(1) $R^{-1}=\{\langle a,1\rangle,\langle c,2\rangle,\langle b,3\rangle,\langle b,4\rangle,\langle d,4\rangle\}$,它们的关系图如图 4.4 所示。

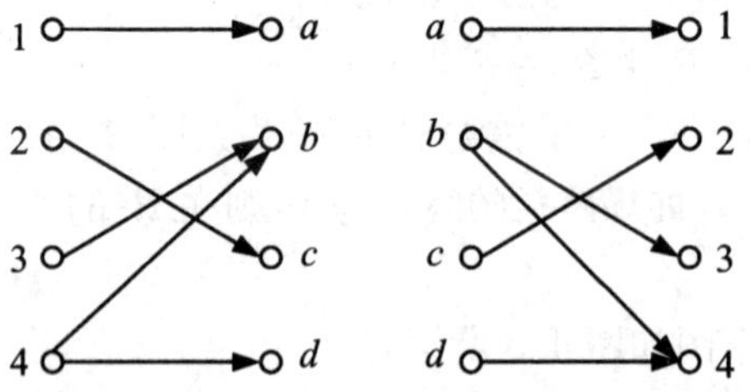

(a) R　(b) R^{-1}

图 4.4　R 和 R^{-1}的关系图

(2) R 和 R^{-1}的关系矩阵为

$$\boldsymbol{M}_R = \begin{bmatrix} 1 & 0 & 0 & 0 \\ 0 & 0 & 1 & 0 \\ 0 & 1 & 0 & 0 \\ 0 & 1 & 0 & 1 \end{bmatrix}, \quad \boldsymbol{M}_{R^{-1}} = \begin{bmatrix} 1 & 0 & 0 & 0 \\ 0 & 0 & 1 & 1 \\ 0 & 1 & 0 & 0 \\ 0 & 0 & 0 & 1 \end{bmatrix}$$

由例 4.12 可以看出：

(1) 将 R 的关系图中有向边的方向改变成相反方向即得 R^{-1} 的关系图，反之亦然。

(2) 将 R 的关系矩阵转置即得 R^{-1} 的关系矩阵，即 R 和 R^{-1} 的关系矩阵互为转置矩阵。

定理 4.3 设 R 和 S 为任意的二元关系，则有

(1) $(R^{-1})^{-1} = R$。

(2) $\text{dom}\, R^{-1} = \text{ran}\, R$，$\text{ran}\, R^{-1} = \text{dom}\, R$。

(3) $(R \circ S)^{-1} = S^{-1} \circ R^{-1}$。

证明：(1) 任取 $\langle x, y \rangle$，由逆运算的定义可得

$$\langle x, y \rangle \in (R^{-1})^{-1} \Leftrightarrow \langle y, x \rangle \in R^{-1} \Leftrightarrow \langle x, y \rangle \in R$$

所以 $(R^{-1})^{-1} = R$。

(2) 任取 x，则

$$x \in \text{dom}\, R^{-1} \Leftrightarrow \exists y(\langle x, y \rangle \in R^{-1}) \Leftrightarrow \exists y(\langle y, x \rangle \in R) \Leftrightarrow x \in \text{ran}\, R$$

所以 $\text{dom}\, R^{-1} = \text{ran}\, R$。同理可证 $\text{ran}\, R^{-1} = \text{dom}\, R$。

(3) 对于任意的 $\langle x, y \rangle$，有

$$\begin{aligned}
&\langle x, y \rangle \in (R \circ S)^{-1} \\
&\Leftrightarrow \langle y, x \rangle \in R \circ S \\
&\Leftrightarrow \exists z(\langle y, z \rangle \in S \wedge \langle z, x \rangle \in R) \\
&\Leftrightarrow \exists z(\langle z, y \rangle \in S^{-1} \wedge \langle x, z \rangle \in R^{-1}) \\
&\Leftrightarrow \exists z(\langle x, z \rangle \in R^{-1} \wedge \langle z, y \rangle \in S^{-1}) \\
&\Leftrightarrow \langle x, y \rangle \in S^{-1} \circ R^{-1}
\end{aligned}$$

所以 $(R \circ S)^{-1} = S^{-1} \circ R^{-1}$。

4.2.3 关系的限制和像

定义 4.13 设 F 为任意的关系，A 为集合，则：

(1) F 在 A 上的**限制**，记作 $F \upharpoonright A$，且

$$F \upharpoonright A = \{\langle x, y \rangle \mid xFy \wedge x \in A\}$$

(2) A 在 F 下的**像**，记作 $F[A]$，且

$$F[A] = \text{ran}(F \upharpoonright A)$$

【例 4.13】 设 F 和 G 是 $\mathbf{N}$ 上的关系，其定义为

$$F = \{\langle x, y \rangle \mid x, y \in \mathbf{N} \wedge y = x^2\}$$
$$G = \{\langle x, y \rangle \mid x, y \in \mathbf{N} \wedge y = x + 1\}$$

求 G^{-1}、$F \circ G$、$G \circ F$、$F \upharpoonright \{1,2\}$、$F[\{1,2\}]$。

解 $G^{-1} = \{\langle x, y \rangle \mid x, y \in \mathbf{N} \wedge x = y + 1\}$

$= \{\langle 1,0 \rangle, \langle 2,1 \rangle, \langle 3,2 \rangle, \cdots, \langle y+1, y \rangle, \cdots\}$

对于 $\forall x \in \mathbf{N}$，有

$$x \xrightarrow{G} x + 1 = z \xrightarrow{F} z^2 = y$$

则 $y = z^2 = (x+1)^2$，所以

$$F \circ G = \{\langle x,y\rangle \mid x,y \in \mathbf{N} \wedge y = (x+1)^2\}$$

对于$\forall x \in \mathbf{N}$,有

$$x \xrightarrow{F} x^2 = z \xrightarrow{G} z+1 = y$$

则 $y=z+1=x^2+1$,所以

$$G \circ F = \{\langle x,y\rangle \mid x,y \in \mathbf{N} \wedge y = x^2+1\}$$

$$F \upharpoonright \{1,2\} = \{\langle 1,1\rangle,\langle 2,4\rangle\}$$

$$F[\{1,2\}] = \mathrm{ran}(F \upharpoonright \{1,2\}) = \{1,4\}$$

从这个例子可以看出,$F \upharpoonright A$ 描述了 F 对 A 中元素的作用,它是 F 的一个子关系;而 $F[A]$反映了集合 A 在 F 作用下的结果,其结果不一定是关系,只是一个集合。

4.3 关系的性质

4.3.1 关系的性质的定义

设 R 是 A 上的关系,R 具有以下 5 种性质:自反性、反自反性、对称性、反对称性和传递性。

定义 4.14 设 R 为定义在集合 X 上的二元关系,如果:

(1) 对于每一个 $x \in X$,有$\langle x,x\rangle \in R$(即 xRx),则称二元关系 R 是**自反的**,即

$$R\text{ 在 }X\text{ 上自反} \Leftrightarrow \forall x(x \in X \to \langle x,x\rangle \in R)$$

例如,实数集上的小于等于关系、平面上三角形的全等关系等都是自反的。

(2) 对于每一个 $x \in X$,都有$\langle x,x\rangle \notin R$,则称二元关系 R 是**反自反的**,即

$$R\text{ 在 }X\text{ 上反自反} \Leftrightarrow (\forall x)(x \in X \to \langle x,x\rangle \notin R)$$

例如,大于关系、生活中的父子关系等都是反自反的。

特别注意:一个关系不是自反的,不一定就是反自反的。例如,$A=\{1,2,3\}$上的关系 $S=\{\langle 1,1\rangle,\langle 1,2\rangle,\langle 3,2\rangle,\langle 2,3\rangle,\langle 3,3\rangle\}$既不是自反的也不是反自反的。

(3) 对于$\forall x,y \in X$,若当$\langle x,y\rangle \in R$,就有$\langle y,x\rangle \in R$,则称二元关系 R 是**对称的**,即

$$R\text{ 在 }X\text{ 上对称} \Leftrightarrow \forall x\,\forall y(x \in X \wedge y \in X \wedge \langle x,y\rangle \in R \to \langle y,x\rangle \in R)$$

例如,三角形的相似关系、居民的邻居关系、A 上的全域关系 E_A、恒等关系 I_A 和空关系$\varnothing$等都是对称的。

(4) 对于任意的 x、$y \in X$,若当$\langle x,y\rangle \in R$ 且$\langle y,x\rangle \in R$ 时,必有 $x=y$,则称二元关系 R 是**反对称的**,即

$$R\text{在 }X\text{ 上反对称}$$
$$\Leftrightarrow \forall x\,\forall y(x \in X \wedge y \in X \wedge \langle x,y\rangle \in R \wedge \langle y,x\rangle \in R \to x = y)$$

或

$$R\text{在 }X\text{ 上反对称}$$
$$\Leftrightarrow \forall x\,\forall y(x \in X \wedge y \in X \wedge \langle x,y\rangle \in R \wedge x \neq y \to \langle y,x\rangle \notin R)$$

例如，实数集上的小于等于关系、集合的包含关系、恒等关系 I_A 和空关系 $\varnothing$ 等都是反对称的。

特别注意：存在某种关系，它既是对称的又是反对称的，或者它既不是对称的又不是反对称的。例如，若 $A=\{1,2,3\}$ 上的关系 $S=\{\langle 1,1\rangle,\langle 2,2\rangle,\langle 3,3\rangle\}$，则 S 在 A 上既是对称的也是反对称的。又如，若 $A=\{a,b,c\}$ 上的关系 $R=\{\langle a,b\rangle,\langle a,c\rangle,\langle c,a\rangle\}$，则 R 既不是对称的也不是反对称的。

(5) 对于任意的 x、y、$z\in X$，若当 $\langle x,y\rangle\in R$，$\langle y,z\rangle\in R$ 时，就有 $\langle x,z\rangle\in R$，则称二元关系 R 在 X 上是**传递的**，即

R 在 X 上传递

$$\Leftrightarrow \forall x\, \forall y\, \forall z(x\in X \wedge y\in X \wedge z\in X \wedge \langle x,y\rangle\in R \wedge \langle y,z\rangle\in R \rightarrow \langle x,z\rangle\in R)$$

例如，实数集合上的小于等于关系、小于关系、等于关系，人类社会的祖先关系等都是传递的。再如，若 $A=\{1,2,3\}$，R_1、R_2、R_3 是 A 上的关系，其中 $R_1=\{\langle 1,1\rangle,\langle 2,2\rangle\}$、$R_2=\{\langle 1,2\rangle,\langle 2,3\rangle\}$、$R_3=\{\langle 1,3\rangle\}$，则 R_1 和 R_3 是 A 上的传递关系，但 R_2 不是 A 上的传递关系。

4.3.2 关系的性质的判别

设 R 为 A 上的关系，则从以上关系的定义，我们可以总结出关系的性质的充要条件为：

(1) R 在 A 上自反当且仅当 $I_A\subseteq R$。

(2) R 在 A 上反自反当且仅当 $R\cap I_A=\varnothing$。

(3) R 在 A 上对称当且仅当 $R=R^{-1}$。

(4) R 在 A 上反对称当且仅当 $R\cap R^{-1}\subseteq I_A$。

(5) R 在 A 上传递当且仅当 $R\circ R\subseteq R$。

根据表 4.1 不难判别关系的性质。

表 4.1 关系的性质的判别

	自反	反自反	对称	反对称	传递
表达式	$I_A\subseteq R$	$R\cap I_A=\varnothing$	$R=R^{-1}$	$R\cap R^{-1}\subseteq I_A$	$R\circ R\subseteq R$
关系矩阵的特点	主对角线元素全是 1	主对角线元素全是 0	矩阵是对称矩阵	如果 $r_{ij}=1$，且有 $i\neq j$，则 $r_{ji}=0$	对于 $\boldsymbol{M}^2$ 中 1 所在位置，$\boldsymbol{M}$ 中相应位置都是 1
关系图的特点	每个顶点都有环	每个顶点都没有环	如果两个顶点之间有边，必是一对方向相反的边	如果两点之间有边，必是一条有向边	若顶点 x_i 到 x_j 有边，顶点 x_j 到 x_k 有边，则从 x_i 到 x_k 有边

【例 4.14】 判断图 4.5 中关系的性质。

解 (1) 不是自反的也不是反自反的；是对称的，不是反对称的；不是传递的。

(2) 不是自反的，是反自反的；不是对称的，是反对称的；是传递的。

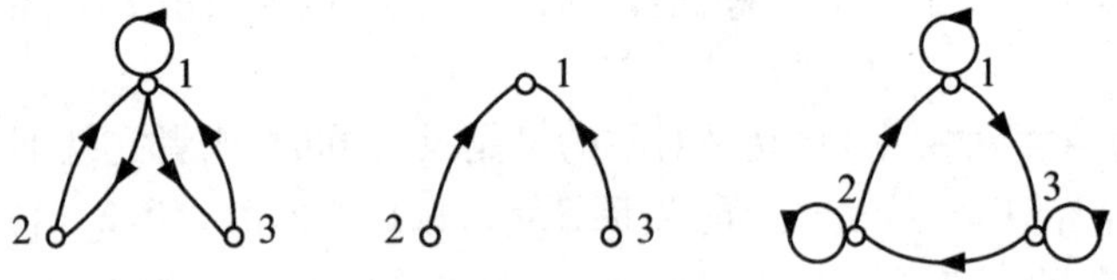

图 4.5　例 4.14 的关系图

(3) 是自反的，不是反自反的；不是对称的，是反对称的；不是传递的。

设 R_1、R_2 是 A 上的关系，它们具有上述某些性质。经过并、交、补、逆、合成等运算后所得到的新关系是否还具有原来的性质呢？下面给出运算与性质的关系(表 4.2)。

表 4.2　运算与性质的关系

	自反性	反自反性	对称性	反对称性	传递性
R_1^{-1}	√	√	√	√	√
$R_1 \cap R_2$	√	√	√	√	√
$R_1 \cup R_2$	√	√	√	×	×
$R_1 - R_2$	×	√	√	√	×
$R_1 \circ R_2$	√	×	×	×	×

注："√"表示新关系具有原来的性质；"×"表示新关系不具有原来的性质。

4.4　关系的闭包

定义 4.15　设 R 为非空集合 A 上的关系，R 的**自反(对称或传递)闭包**是 A 上的关系 R'，且 R' 满足以下条件：

(1) R' 是自反的(对称的或传递的)。

(2) $R \subseteq R'$。

(3) 对于 A 上任何包含 R 的自反(对称或传递)关系 R''，都有 $R' \subseteq R''$。

一般将 R 的自反闭包记作 $r(R)$，将对称闭包记作 $s(R)$，将传递闭包记作 $t(R)$。

那么如何求非空集合 A 上关系的闭包呢？

定理 4.4　设 R 为非空集合 A 上的关系，则有：

(1) $r(R) = R \cup R^0$。

(2) $s(R) = R \cup R^{-1}$。

(3) $t(R) = R \cup R^2 \cup R^3 \cup \cdots$。

注：对于有穷集合 $A(|A| = n)$ 上的关系：(3) 中的 R 最多不超过 R^n；若 R 是自反的，则 $r(R) = R$；若 R 是对称的，则 $s(R) = R$；若 R 是传递的，则 $t(R) = R$。

将定理 4.4 中的公式转换成矩阵，就可以得到求闭包的矩阵方法。

设关系 R、$r(R)$、$s(R)$、$t(R)$ 的关系矩阵分别为 $\boldsymbol{M}$、$\boldsymbol{M}_r$、$\boldsymbol{M}_s$ 和 $\boldsymbol{M}_t$，则

$$\boldsymbol{M}_r = \boldsymbol{M} + \boldsymbol{E}$$

$$\boldsymbol{M}_s = \boldsymbol{M} + \boldsymbol{M}'$$

$$\boldsymbol{M}_t = \boldsymbol{M} + \boldsymbol{M}^2 + \boldsymbol{M}^3 + \cdots$$

其中 $\boldsymbol{E}$ 是同阶的单位矩阵，$\boldsymbol{M}'$是 $\boldsymbol{M}$ 的转置矩阵，+ 为矩阵的逻辑加。

利用关系图也可以求关系的闭包。

设关系 R、$r(R)$、$s(R)$、$t(R)$的关系图分别记为 G、G_r、G_s、G_t，则 G_r、G_s、G_t 的顶点集与 G 的顶点集相等。除了 G 的边以外，以下述方法添加新边：

(1) 考察 G 的每个顶点，如果没有环就加上一个环，最终得到 G_r。

(2) 考察 G 的每条边，如果有一条 x_i 到 x_j($i \neq j$)的单向边，则在 G 中加一条 x_j 到 x_i 的反方向边，最终得到 G_s。

(3) 考察 G 的每个顶点 x_i，找出图中从 x_i 出发的每一条长度不超过 n(n 为图中的顶点个数)的路径，如果从 x_i 到路径中任何顶点 x_j 没有边，就加上这条边，当检查完图中所有的顶点后就得到图 G_t。

【例 4.15】 设 $A=\{a,b,c,d\}$，A 上的关系 $R=\{\langle a,b\rangle,\langle b,a\rangle,\langle b,c\rangle,\langle c,d\rangle\}$，求关系 R 的 $r(R)$、$s(R)$、$t(R)$。

解 方法一 利用定理 4.4 中的公式：

$$\begin{aligned}
r(R) &= R \cup R^0 \\
&= \{\langle a,b\rangle,\langle b,a\rangle,\langle b,c\rangle,\langle c,d\rangle\} \\
&\quad \cup \{\langle a,a\rangle,\langle b,b\rangle,\langle c,c\rangle,\langle d,d\rangle\} \\
&= \{\langle a,b\rangle,\langle b,a\rangle,\langle b,c\rangle,\langle c,d\rangle, \\
&\quad \langle a,a\rangle,\langle b,b\rangle,\langle c,c\rangle,\langle d,d\rangle\} \\
s(R) &= R \cup R^{-1} \\
&= \{\langle a,b\rangle,\langle b,a\rangle,\langle b,c\rangle,\langle c,d\rangle\} \\
&\quad \cup \{\langle b,a\rangle,\langle a,b\rangle,\langle c,b\rangle,\langle d,c\rangle\} \\
&= \{\langle a,b\rangle,\langle b,a\rangle,\langle b,c\rangle,\langle c,d\rangle,\langle c,b\rangle,\langle d,c\rangle\} \\
t(R) &= R \cup R^2 \cup R^3 \cup \cdots \\
&= \{\langle a,b\rangle,\langle b,a\rangle,\langle b,c\rangle,\langle c,d\rangle\} \\
&\quad \cup \{\langle a,a\rangle,\langle a,c\rangle,\langle b,b\rangle,\langle b,d\rangle\} \\
&\quad \cup \{\langle a,b\rangle,\langle a,d\rangle,\langle b,a\rangle,\langle b,c\rangle\} \\
&= \{\langle a,a\rangle,\langle a,b\rangle,\langle a,c\rangle,\langle a,d\rangle,\langle b,a\rangle, \\
&\quad \langle b,b\rangle,\langle b,c\rangle,\langle b,d\rangle,\langle c,d\rangle\}
\end{aligned}$$

方法二 利用关系矩阵：

R 的关系矩阵为 $\boldsymbol{M}$，则

$$\boldsymbol{M} = \begin{bmatrix} 0 & 1 & 0 & 0 \\ 1 & 0 & 1 & 0 \\ 0 & 0 & 0 & 1 \\ 0 & 0 & 0 & 0 \end{bmatrix}$$

$r(R)$、$s(R)$、$t(R)$的关系矩阵 $\boldsymbol{M}_r$、$\boldsymbol{M}_s$和$\boldsymbol{M}_t$分别为

$$\boldsymbol{M}_r = \boldsymbol{M} + \boldsymbol{E} = \begin{bmatrix} 0 & 1 & 0 & 0 \\ 1 & 0 & 1 & 0 \\ 0 & 0 & 0 & 1 \\ 0 & 0 & 0 & 0 \end{bmatrix} + \begin{bmatrix} 1 & 0 & 0 & 0 \\ 0 & 1 & 0 & 0 \\ 0 & 0 & 1 & 0 \\ 0 & 0 & 0 & 1 \end{bmatrix} = \begin{bmatrix} 1 & 1 & 0 & 0 \\ 1 & 1 & 1 & 0 \\ 0 & 0 & 1 & 1 \\ 0 & 0 & 0 & 1 \end{bmatrix}$$

$$\boldsymbol{M}_s = \boldsymbol{M} + \boldsymbol{M}' = \begin{bmatrix} 0 & 1 & 0 & 0 \\ 1 & 0 & 1 & 0 \\ 0 & 0 & 0 & 1 \\ 0 & 0 & 0 & 0 \end{bmatrix} + \begin{bmatrix} 0 & 1 & 0 & 0 \\ 1 & 0 & 0 & 0 \\ 0 & 1 & 0 & 0 \\ 0 & 0 & 1 & 0 \end{bmatrix} = \begin{bmatrix} 0 & 1 & 0 & 0 \\ 1 & 0 & 1 & 0 \\ 0 & 1 & 0 & 1 \\ 0 & 0 & 1 & 0 \end{bmatrix}$$

$$\boldsymbol{M}_t = \boldsymbol{M} + \boldsymbol{M}^2 + \boldsymbol{M}^3 + \cdots = \begin{bmatrix} 0 & 1 & 0 & 0 \\ 1 & 0 & 1 & 0 \\ 0 & 0 & 0 & 1 \\ 0 & 0 & 0 & 0 \end{bmatrix} + \begin{bmatrix} 1 & 0 & 1 & 0 \\ 0 & 1 & 0 & 1 \\ 0 & 0 & 0 & 0 \\ 0 & 0 & 0 & 0 \end{bmatrix} + \begin{bmatrix} 0 & 1 & 0 & 1 \\ 1 & 0 & 1 & 0 \\ 0 & 0 & 0 & 0 \\ 0 & 0 & 0 & 0 \end{bmatrix}$$

$$= \begin{bmatrix} 1 & 1 & 1 & 1 \\ 1 & 1 & 1 & 1 \\ 0 & 0 & 0 & 1 \\ 0 & 0 & 0 & 0 \end{bmatrix}$$

方法三　利用关系图：

R、$r(R)$、$s(R)$、$t(R)$的关系图如图 4.6 所示。

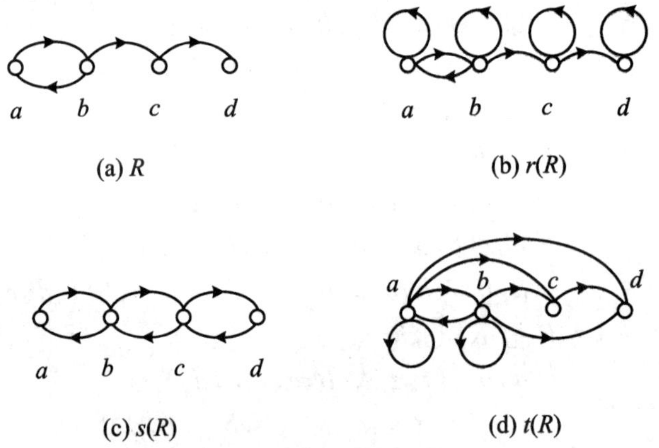

(a) R　(b) $r(R)$　(c) $s(R)$　(d) $t(R)$

图 4.6　例 4.15 的关系图

4.5 等价关系

4.5.1 等价关系的定义

定义 4.16　设 R 为非空集合 A 上的关系，如果 R 是自反的、对称的和传递的，则称 R

为 A 上的**等价关系**；对于任何的 $x,y\in A$，如果$\langle x,y\rangle\in R$，则称 x 等价于 y，记作 $x\sim y$。

例如，平面三角形集合中，三角形的相似关系就是一个等价关系。

【例 4.16】 设集合 $T=\{1,2,3,4\}$，$R=\{\langle 1,1\rangle,\langle 1,4\rangle,\langle 4,1\rangle\langle 4,4\rangle,\langle 2,2\rangle,\langle 2,3\rangle,\langle 3,2\rangle,\langle 3,3\rangle\}$，验证 R 是 T 上的等价关系。

解 R 的关系图如图 4.7 所示。

关系图中，由于每一个结点都有自回路，所以关系 R 是自反的；任意两个结点间或无弧线连接，或有成对弧线出现，所以关系 R 是对称的；从 R 的序偶表示式中，可见关系 R 是传递的。综上可得关系 R 是 T 上的等价关系。

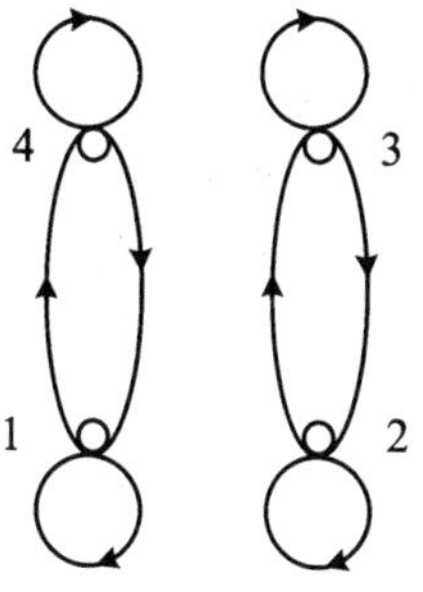

图 4.7 R 的关系图

【例 4.17】 设 I 为整数集，I 上的关系 $R=\{\langle x,y\rangle\mid x\equiv y(\mathrm{mod}\ k)\}$，证明 R 是 I 上的等价关系。

其中 $x\equiv y(\mathrm{mod}\ k)$叫作 x 与 y 模 k 同余，即 x 除以 k 的余数与 y 除以 k 的余数相等。

证明：因 $x\equiv y(\mathrm{mod}\ k)$表示 x 除以 k 的余数与 y 除以 k 的余数相等，所以它亦可表示为 $x-y$ 是 k 的整数倍。

设任意 a、b、$c\in I$，则：

(1) 因为 $a-a=k\times 0$，所以$\langle a,a\rangle\in R$，R 是自反的。

(2) 若 $a\equiv b(\mathrm{mod}\ k)$，则 $a-b=k\times t$（t 为整数），于是 $b-a=-k\times t$，即 $b\equiv a(\mathrm{mod}\ k)$，所以 R 是对称的。

(3) 若 $a\equiv b(\mathrm{mod}\ k)$，$b\equiv c(\mathrm{mod}\ k)$，则 $a-b=k\times t$（t 为整数），$b-c=k\times s$（s 为整数），于是 $a-c=(a-b)+(b-c)=k\times(t+s)$，即 $a\equiv c(\mathrm{mod}\ k)$，所以 R 是传递的。

综上所述，R 是自反的、对称的、传递的。因此 R 是等价关系。

4.5.2 等价类

定义 4.17 设 R 是非空集合 A 上的等价关系，对于$\forall x\in A$，令

$$[x]_R=\{y\mid y\in A\wedge xRy\}$$

则称$[x]_R$为 x **关于 R 的等价类**，简称 **x 的等价类**，记为$[x]$。

如例 4.16 中，$[1]_R=[4]_R=\{1,4\}$，$[2]_R=[3]_R=\{2,3\}$；例 4.17 中，若 R 是同余模 3 的关系，则 I 上的元素所产生的等价类是

$$[0]_R=\{\cdots,-6,-3,0,3,6,\cdots\}$$

$$[1]_R=\{\cdots,-5,-2,1,4,7,\cdots\}$$

$$[2]_R=\{\cdots,-4,-1,2,5,8,\cdots\}$$

且有

$$[0]_R=[3]_R=[-3]_R=\cdots$$

$$[1]_R=[4]_R=[-2]_R=\cdots$$

$$[2]_R=[5]_R=[-1]_R=\cdots$$

定理 4.5 设 R 为非空集合 A 上的关系，对于任意的 x、$y\in A$，有：

(1) $[x]\neq\varnothing$，且$[x]\subseteq A$。

(2) 若 xRy，则$[x]=[y]$。

(3) 若 $x\not R y$，则$[x]\cap[y]=\varnothing$。

(4) $\bigcup_{x\in A}[x]=A$。

该定理表明：任何等价类都是集合 A 的非空子集；在 A 中任取两个元素，它们的等价类或者相等，或者不交；所有等价类的并集就是 A。

定义 4.18 设 R 是非空集合 A 上的等价关系，以 R 的不交的等价类为元素的集合叫作 **A 在 R 下的商集**，记作 A/R，即

$$A/R=\{[x]_R \mid x\in A\}$$

在例 4.16 中，T 在 R 下的商集 $T/R=\{[1]_R,[2]_R\}$；在例 4.17 中，若 R 是同余模 3 的关系，则 $I/R=\{[0]_R,[1]_R,[2]_R\}$。

非空集合 A 上的全域关系 E_A 是 A 上的等价关系，对于任意 $x\in A$，有$[x]=A$，商集

$$A/E_A=\{A\}$$

非空集合 A 上的恒等关系 I_A 是 A 上的等价关系，对于任意 $x\in A$，有$[x]=\{x\}$，商集

$$A/I_A=\{\{x\}\mid x\in A\}$$

在整数集合 $\mathbf{Z}$ 上模 n 的等价关系，其等价类是

$$[0]=\{\cdots,-2n,-n,0,n,2n,\cdots\}=\{nz\mid z\in\mathbf{Z}\}=n\mathbf{Z}$$

$$[1]=\{\cdots,-2n+1,-n+1,1,n+1,2n+1,\cdots\}$$
$$=\{nz+1\mid z\in\mathbf{Z}\}=n\mathbf{Z}+1$$

$$[2]=\{\cdots,-2n+2,-n+2,2,n+2,2n+2,\cdots\}$$
$$=\{nz+2\mid z\in\mathbf{Z}\}=n\mathbf{Z}+2$$

$\cdots,$

$$[n-1]=\{\cdots,-2n+n-1,-n+n-1,n-1,n+n-1,\cdots\}$$
$$=\{nz+n-1\mid z\in\mathbf{Z}\}=n\mathbf{Z}+n-1$$

所以，商集为

$$\{[0],[1],\cdots,[n-1]\}$$

定义 4.19 设 A 是非空集合，如果存在一个 A 的子集族 $\pi(\pi\subseteq P(A))$ 满足以下条件：

(1) $\varnothing\notin\pi$。

(2) π 中任意两个元素不交。

(3) π 中所有元素的并集等于 A。

则称 π 为 A 的一个**划分**，且称 π 中的元素为**划分块**。

【例 4.18】 设集合 $A=\{a,b\}$，求 A 的一个子集族 π，使 π 为 A 的一个划分。

解 因为 $A=\{a,b\}$，所以

$$P(A)=\{\varnothing,\{a\},\{b\},\{a,b\}\}$$

根据划分的定义，只能取 $\pi=\{\{a\},\{b\}\}$，此时 π 为 A 的一个划分。

由商集和划分的定义不难看出：所有不交的等价类的集合即商集 A/R（集合 A 上的等价关系 R）就是 A 的一个划分，称为由 R 所诱导的划分。在非空集合 A 上给定一个划

分 π，则 A 被分割成若干个划分块。集合 A 上的等价关系与集合 A 的划分是一一对应的。

【例 4.19】 设集合 $A=\{1,2,3\}$，求出 A 上所有的等价关系。

解 (1) 先求出 A 的各种划分：只有 1 个划分块的划分 π_1，只有 2 个划分块的划分 π_2、π_3、π_4，具有 3 个划分块的 π_5，如图 4.8 所示。

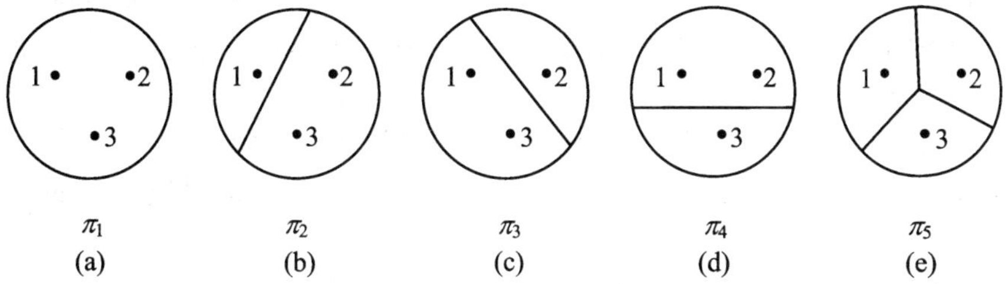

图 4.8 集合 A 的各种划分

(2) 划分 π_i 的等价关系为 $R_i(i=1,2,\cdots,5)$，且

$$R_5=\{\langle 1,1\rangle,\langle 2,2\rangle,\langle 3,3\rangle\}=I_A$$

$$R_1=\{\langle 1,2\rangle,\langle 1,3\rangle,\langle 2,3\rangle,\langle 2,1\rangle,\langle 3,1\rangle,\langle 3,2\rangle\}\cup I_A=E_A$$

$$R_2=\{\langle 2,3\rangle,\langle 3,2\rangle\}\cup I_A$$

$$R_3=\{\langle 1,3\rangle,\langle 3,1\rangle\}\cup I_A$$

$$R_4=\{\langle 1,2\rangle,\langle 2,1\rangle\}\cup I_A$$

【例 4.20】 给定集合 $S=\{1,2,3,4,5\}$，找出 S 上的等价关系 R，使 R 能产生划分 $\{\{1,2\},\{3\},\{4,5\}\}$，并画出关系图。

解 可由如下方法产生一个等价关系 R：

$$R_1=\{1,2\}\times\{1,2\}=\{\langle 1,1\rangle,\langle 1,2\rangle,\langle 2,1\rangle,\langle 2,2\rangle\}$$

$$R_2=\{3\}\times\{3\}=\{\langle 3,3\rangle\}$$

$$R_3=\{4,5\}\times\{4,5\}=\{\langle 4,4\rangle,\langle 4,5\rangle,\langle 5,4\rangle,\langle 5,5\rangle\}$$

所以

$$\begin{aligned}R&=R_1\cup R_2\cup R_3\\&=\{\langle 1,1\rangle,\langle 1,2\rangle,\langle 2,1\rangle,\langle 2,2\rangle,\langle 3,3\rangle,\langle 4,4\rangle,\langle 4,5\rangle,\langle 5,4\rangle,\langle 5,5\rangle\}\end{aligned}$$

S 上的等价关系 R 对应的关系图如图 4.9 所示。

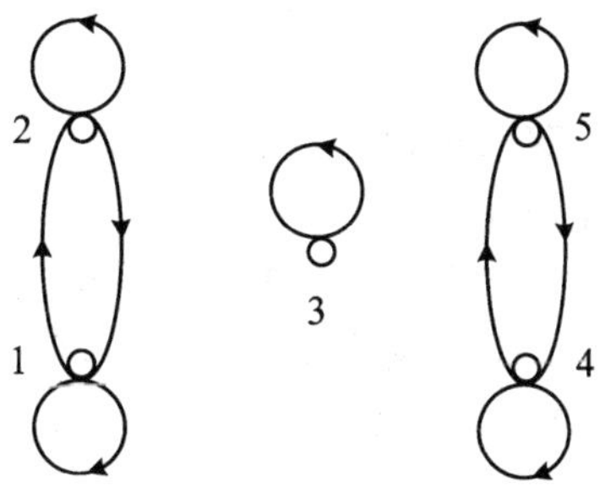

图 4.9 R 对应的关系图

4.6 偏序关系

定义 4.20 设 R 是非空集合 A 上的关系，如果 R 是自反的、反对称的和传递的，则称 R 为 A 上的**偏序关系**，简称**偏序**，记作 $\leqslant$。如果有序对 $\langle x,y\rangle\in$ 偏序关系，可记作 $x\leqslant y$，读作“x 小于等于 y”。

注意：这里的“小于等于”不是指数的大小，而是指它们在偏序关系中位置的先后。

任何集合 A 上的恒等关系、集合的幂集 $P(A)$ 上的包含关系、实数集上的小于等于关系、正整数集上的整除关系等都是偏序关系。

【例 4.21】 在实数集 $\mathbf{R}$ 上，证明小于等于关系是偏序关系。

证明：(1) 对于 $\forall a\in\mathbf{R}$，有 $a\leqslant a$ 成立，所以小于等于关系是自反的。

(2) 对于任意的 a、$b\in\mathbf{R}$，如果 $a\leqslant b$ 且 $b\leqslant a$，则必有 $a=b$，所以小于等于关系是反对称的。

(3) 对于任意的 a、b、$c\in\mathbf{R}$，如果 $a\leqslant b$，$b\leqslant c$，则必有 $a\leqslant c$，所以小于等于关系是传递的。

综上所述，小于等于关系是实数集 $\mathbf{R}$ 上的偏序关系。

【例 4.22】 给定集合 $A=\{2,3,6,8\}$，令关系 $R=\{\langle x,y\rangle\mid x,y\in A\wedge x\text{ 整除 }y\}$，验证关系 R 是 A 上的偏序关系。

解

$$\begin{aligned}R&=\{\langle x,y\rangle\mid x,y\in A\wedge x\text{ 整除 }y\}\\&=\{\langle 2,2\rangle,\langle 3,3\rangle,\langle 6,6\rangle,\langle 8,8\rangle,\langle 2,6\rangle,\langle 2,8\rangle,\langle 3,6\rangle\}\end{aligned}$$

A 上的偏序关系对应的关系矩阵 $\boldsymbol{M}$ 为

$$\boldsymbol{M}=\begin{bmatrix}1&0&1&1\\0&1&1&0\\0&0&1&0\\0&0&0&1\end{bmatrix}$$

A 上的偏序关系对应的关系图 G 如图 4.10 所示。

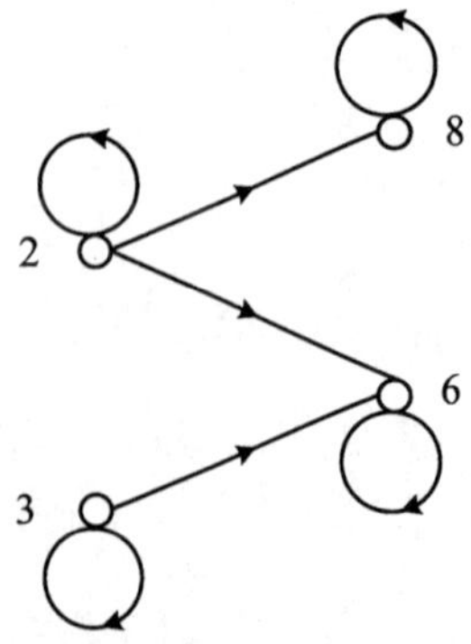

图 4.10 关系图 G

由关系矩阵或关系图均可验证关系 R 是 A 上的偏序关系。

定义 4.21 集合 A 和 A 上的偏序关系一起叫作**偏序集**，记作 $\langle A,\leqslant\rangle$。

整数集和小于等于关系构成偏序集 $\langle\mathbf{Z},\leqslant\rangle$，幂集 $P(A)$ 和包含关系构成偏序集 $\langle P(A),R_{\subseteq}\rangle$ 等。

定义 4.22 设 $\langle A,\leqslant\rangle$ 为偏序集，对于任意的 x、$y\in A$，如果任意的 $x\leqslant y$ 或者 $y\leqslant x$，则称 x 与 y 是**可比的**。如果 $x\prec y$（即 $x\leqslant y\wedge x\neq y$），且不存在 $z\in A$，使得 $x\prec z\prec y$，则称 y **盖住** x，记 $\operatorname{cov}A=\{\langle x,y\rangle\mid x,y\in A\wedge y\text{ 盖住 }x\}$。

对于给定的偏序集$\langle A,\preccurlyeq\rangle$，它的盖住关系是唯一的，所以可用盖住关系的性质画出**偏序集合图**（或称**哈斯图**）。其作图规则为：用小圆圈代表元素；如果 $x \prec y$ 即 $x \preccurlyeq y$ 且 $x \neq y$，则将代表 y 的小圆圈画在代表 x 的小圆圈之上；如果$\langle x, y\rangle \in \mathrm{cov}\, A$，则 x 和 y 之间用直线连接。哈斯图中的每个结点没有环，且两个连通的结点之间的偏序关系用结点位置的高低表示，位置低的元素的顺序在前，只有具有盖住关系的两个结点之间有直接相连的边。

【例 4.23】 设 A 是正整数 $m = 12$ 的因子的集合，$\preccurlyeq$为 A 上的整除关系，求 cov A，并画出对应的哈斯图。

解 $A = \{1,2,3,4,6,12\}$

$$\preccurlyeq\ = \{\langle 1,2\rangle,\langle 1,3\rangle,\langle 1,4\rangle,\langle 1,6\rangle,\langle 1,12\rangle,\langle 2,4\rangle,\langle 2,6\rangle, \langle 2,12\rangle,\langle 3,6\rangle,\langle 3,12\rangle,\langle 4,12\rangle,\langle 6,12\rangle,\langle 1,1\rangle,\langle 2,2\rangle, \langle 3,3\rangle,\langle 4,4\rangle,\langle 6,6\rangle,\langle 12,12\rangle\}$$

$$\mathrm{cov}\, A = \{\langle 1,2\rangle,\langle 1,3\rangle,\langle 2,4\rangle,\langle 2,6\rangle,\langle 3,6\rangle,\langle 4,12\rangle,\langle 6,12\rangle\}$$

【例 4.24】 画出偏序集$\langle P(\{a,b,c\}), R_{\subseteq}\rangle$的哈斯图。

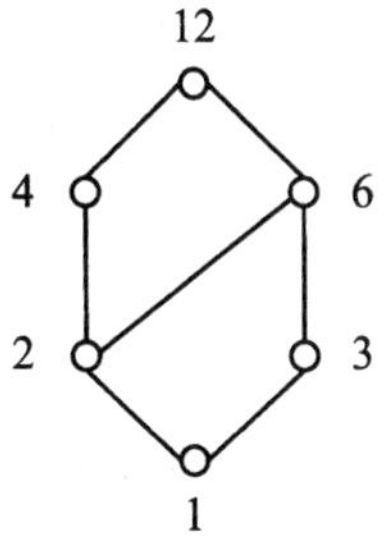

图 4.11 $\langle A,\preccurlyeq\rangle$的哈斯图

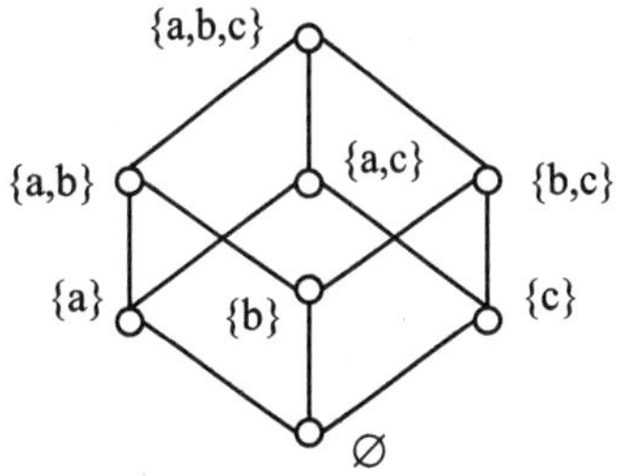

图 4.12 $\langle P(\{a,b,c\}), R_{\subseteq}\rangle$的哈斯图

【例 4.25】 已知偏序集⟨A,R⟩的哈斯图如图 4.13 所示，试求出集合 A 和关系 R 的表达式。

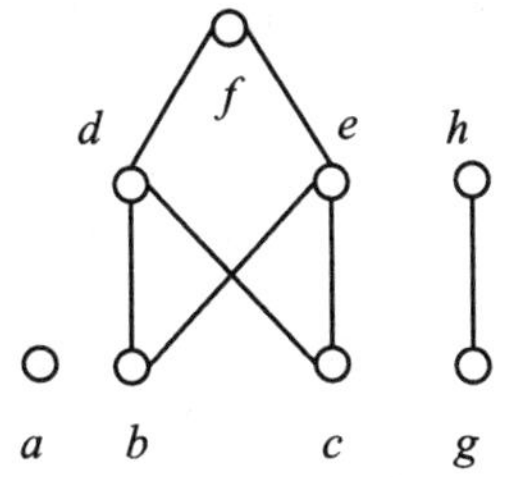

图 4.13 $\langle A,R\rangle$的哈斯图

$$A = \{a,b,c,d,e,f,g,h\}$$
$$R = \{\langle b,d\rangle,\langle b,e\rangle,\langle b,f\rangle,\langle c,d\rangle,\langle c,e\rangle, \langle c,f\rangle,\langle d,f\rangle,\langle e,f\rangle,\langle g,h\rangle\} \cup I_A$$

定义 4.23 设$\langle A,\preccurlyeq\rangle$为偏序集，若对于任意的 x、$y \in A$，x 与 y 都是可比的，则称偏序关系为 A 上的**全序关系**，且称$\langle A,\preccurlyeq\rangle$为**全序集**。

自然数集上的小于等于关系是偏序关系，且对于任意的 i、$j \in \mathbf{N}$ 必有 $i \leqslant j$ 或者 $j \leqslant i$，所以也是全序关系，而整除关系不是正整数集上的全序关系。

【例 4.26】 给定 $P=\{\varnothing,\{a\},\{a,b\},\{a,b,c\}\}$ 上的包含关系，证明 $\langle P,\subseteq\rangle$ 是一个全序集。

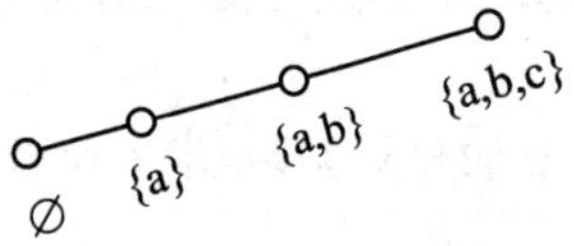

图 4.14 $\langle P,\subseteq\rangle$ 的哈斯图

证明：因为 $\varnothing \subseteq \{a\} \subseteq \{a,b\} \subseteq \{a,b,c\}$，所以 P 中任意两个元素都有包含关系（图 4.14），且 $\langle P,\subseteq\rangle$ 是偏序集。所以 $\langle P,\subseteq\rangle$ 也是全序集。

由哈斯图的定义不难看出，全序集的哈斯图是一条直线，所以全序集也可称为**线序集**。

定义 4.24 设 $\langle A,\leqslant\rangle$ 为偏序集，$B \subseteq A$：

(1) 若 $\exists y \in B$，使得 $\forall x(x \in B \to y \leqslant x)$ 成立，则称 y 是 B 的**最小元**。

(2) 若 $\exists y \in B$，使得 $\forall x(x \in B \to x \leqslant y)$ 成立，则称 y 是 B 的**最大元**。

(3) 若 $\exists y \in B$，使得 $\neg \exists x(x \in B \wedge x \prec y)$，则称 y 是 B 的**极小元**。

(4) 若 $\exists y \in B$，使得 $\neg \exists x(x \in B \wedge y \prec x)$，则称 y 是 B 的**极大元**。

例如，已知偏序集 $\langle P\{a,b\},\subseteq\rangle$（图 4.15），若 $B=\{\{a\},\varnothing\}$，则 $\{a\}$ 是 B 的最大元，也是 B 的极大元，$\varnothing$ 是 B 的最小元，也是 B 的极小元。若 $B=\{\{a\},\{b\}\}$，则 B 没有最大元和最小元，因为 $\{a\}$ 和 $\{b\}$ 是不可比的，同时 B 也没有极大元和极小元。

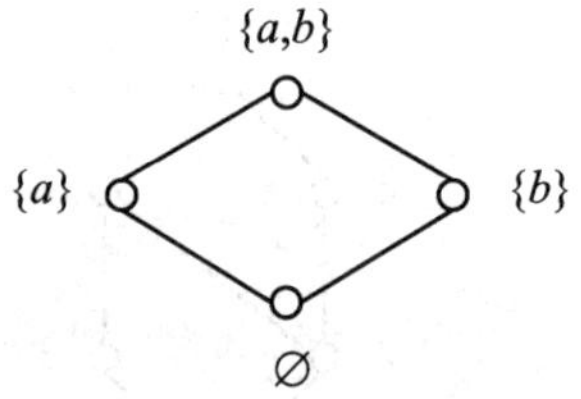

图 4.15 $\langle P\{a,b\},\subseteq\rangle$ 的哈斯图

【例 4.27】 设 $A=\{2,3,5,7,14,15,21\}$，A 上的偏序关系 $R=\{\langle 2,14\rangle,\langle 3,15\rangle,\langle 3,21\rangle,\langle 5,15\rangle,\langle 7,14\rangle,\langle 7,21\rangle,\langle 2,2\rangle,\langle 3,3\rangle,\langle 5,5\rangle,\langle 7,7\rangle,\langle 14,14\rangle,\langle 15,15\rangle,\langle 21,21\rangle\}$，求 $B=\{2,7,3,21,14\}$ 的极大元和极小元。

解 首先，由偏序关系 R 求出 $\operatorname{cov} A$：

$$\operatorname{cov} A=\{\langle 2,14\rangle,\langle 3,15\rangle,\langle 3,21\rangle,\langle 5,15\rangle,\langle 7,14\rangle,\langle 7,21\rangle\}$$

再由偏序集 $\langle A,R\rangle$ 画出其对应的哈斯图，如图 4.16 所示。

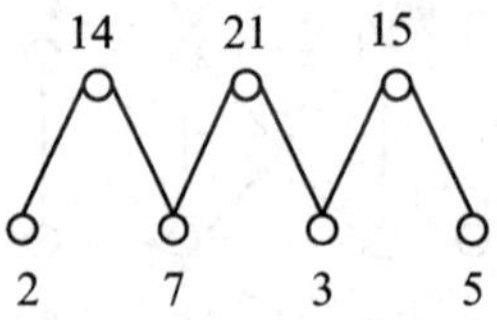

图 4.16 $\langle A,R\rangle$ 的哈斯图

所以 B 的极小元集合为 $\{2,7,3\}$，极大元集合为 $\{14,21\}$。

由以上定义和实例可以看出，当 B 等于 A 时，偏序集 $\langle A,\leqslant\rangle$ 的极大元即哈斯图最顶层的元素，极小元即哈斯图中最底层的元素，极大元和极小元都不是唯一的，且不同的极大元或者不同的极小元之间是无关的。

如果令 $\langle A,\leqslant\rangle$ 为偏序集且 $B \subseteq A$，若 B 有最大（最小）元，则必是唯一的。因为，若设 a、b 都是 B 的最大元，则有 $b \leqslant a$ 和 $a \leqslant b$，从偏序关系的反对称性可得 $a=b$，最小元与此类似。

定义 4.25 设$\langle A,\preccurlyeq\rangle$为偏序集，$B\subseteq A$：

(1) 若$\exists y\in A$，使得$\forall x(x\in B\rightarrow x\preccurlyeq y)$成立，则称 y 是B 的**上界**。

(2) 若$\exists y\in A$，使得$\forall x(x\in B\rightarrow y\preccurlyeq x)$成立，则称 y 是B 的**下界**。

(3) 令 $C=\{y\mid y$ 为B 的上界$\}$，则称 C 的最小元为B 的**最小上界**或**上确界**。

(4) 令 $D=\{y\mid y$ 为B 的下界$\}$，则称 D 的最大元为B 的**最大下界**或**下确界**。

【例 4.28】 设集合 $P=\{x_1,x_2,x_3,x_4,x_5\}$上的偏序关系如图 4.17 所示，找出 P 的最大/最小元素，极大/极小元素，找出子集$\{x_1,x_2,x_3\}$、$\{x_2,x_3,x_4\}$、$\{x_3,x_4,x_5\}$的上界/下界，上确界/下确界。

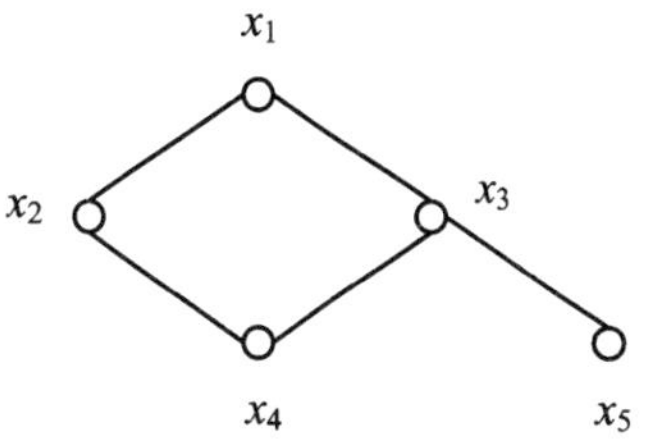

图 4.17 例 4.28 的哈斯图

解 P 的最大元为x_1，无最小元，极大元为 x_1，极小元为 x_4、x_5。

$\{x_1,x_2,x_3\}$的上界为 x_1，上确界为 x_1，下界为 x_4，下确界为 x_4。

$\{x_2,x_3,x_4\}$的上界为 x_1，上确界为 x_1，下界为 x_4，下确界为 x_4。

$\{x_3,x_4,x_5\}$的上界为 x_1、x_3，上确界为 x_3，无下界，无下确界。

4.7 函数的基本概念和性质

函数是一个基本的数学概念，在通常的函数定义中，$y=f(x)$是在实数集合上进行讨论的，这里把函数概念予以推广，把它作为一种特殊的关系进行讨论。例如，计算机中把输入和输出间的关系看成一种函数；类似地，在开关理论、自动机理论和可计算理论等领域中，函数都有着极广泛的应用。

4.7.1 函数的定义

定义 4.26 设 F 为二元关系，若对于任意的$x\in \mathrm{dom}\,F$ 都存在唯一的$y\in \mathrm{ran}\,F$，使得 xFy 成立，则称 F 为**函数**。

例如，关系 $F_1=\{\langle x_1,y_1\rangle,\langle x_2,y_2\rangle,\langle x_3,y_2\rangle\}$是函数，而关系 $F_2=\{\langle x_1,y_1\rangle,\langle x_1,y_2\rangle\}$就不是函数。

函数一般用大写或者小写英文字母来表示，如果$\langle x,y\rangle\in$函数 F，则记作 $F(x)=y$，称 y 是F 在x 的**函数值**。

函数实际上是一种序偶的集合，两个函数 f 和g 相等是指它们的集合表达式相等，即 $f=g\Leftrightarrow f\subseteq g\wedge g\subseteq f$。也就是，$\mathrm{dom}\,f=\mathrm{dom}\,g$ 且对于任意的$x\in\mathrm{dom}\,f=\mathrm{dom}\,g$，有 $f(x)=g(x)$。

定义 4.27 设 A、B 是集合，如果函数 f 满足：

(1) $\mathrm{dom}\,f=A$。

(2) $\mathrm{ran}\,f\subseteq B$。

则称 f 是从 A 到 B 的**函数**，记作 $f:A\to B$。

定义 4.28 设 A、B 是集合，所有从 A 到 B 的函数构成集合 B^A，读作"B 上 A"，即

$$B^A = \{f \mid f:A \to B\}$$

例如，$A=\{0,1,2\}$，$B=\{a,b\}$，则 $B^A=\{f_1,f_2,\cdots,f_8\}$，其中

$$f_1 = \{\langle 0,a\rangle,\langle 1,a\rangle,\langle 2,a\rangle\}$$
$$f_2 = \{\langle 0,a\rangle,\langle 1,a\rangle,\langle 2,b\rangle\}$$
$$f_3 = \{\langle 0,a\rangle,\langle 1,b\rangle,\langle 2,a\rangle\}$$
$$f_4 = \{\langle 0,a\rangle,\langle 1,b\rangle,\langle 2,b\rangle\}$$
$$f_5 = \{\langle 0,b\rangle,\langle 1,a\rangle,\langle 2,a\rangle\}$$
$$f_6 = \{\langle 0,b\rangle,\langle 1,a\rangle,\langle 2,b\rangle\}$$
$$f_7 = \{\langle 0,b\rangle,\langle 1,b\rangle,\langle 2,a\rangle\}$$
$$f_8 = \{\langle 0,b\rangle,\langle 1,b\rangle,\langle 2,b\rangle\}$$

一般地，若 $|A|=m$，$|B|=n$，mn 不全为 0，则 $|B^A|=n^m$。

定义 4.29 设 $f:A\to B$，$A'\subseteq A$，则 A'**在** f **下的像**是

$$f(A') = \{f(x) \mid x \in A'\} = f[A']$$

当 $A'=A$ 时，称 $f(A')=f(A)=\mathrm{ran}\, f$ 是**函数的像**。

注意：函数值 $f(x)\in B$，而像 $f(A')\subseteq B$。例如，若 $f:\mathbf{R}\to\mathbf{R}$，$f(x)=e^x$，则有 $f(0)=e^0=1$，$f(\{-1,0,1\})=\{e^{-1},e^0,e^1\}=\{e^{-1},1,e\}$，$F(\mathbf{R})=\mathbf{R}^+$，$\mathbf{R}^+$ 为正实数集。

4.7.2 函数的性质

定义 4.30 设 $f:A\to B$：

(1) 若 $\mathrm{ran}\, f=B$，则称 $f:A\to B$ 是**满射**的。

(2) 若 $\forall y\in \mathrm{ran}\, f$，都存在唯一的 $x\in A$ 使得 $f(x)=y$，则称 $f:A\to B$ 是**单射**的。

(3) 若 $f:A\to B$ 既是满射又是单射的，则称 $f:A\to B$ 是**双射**的。

从以上定义可以看出：f 是满射意味着 $\forall y\in B$，都存在 $x\in A$ 使得 $f(x)=y$；f 是单射意味着 $f(x_1)=f(x_2)\Rightarrow x_1=x_2$。

【例 4.29】 判断下面的函数是否为单射、满射、双射，并说明理由。

(1) $f:\mathbf{R}\to\mathbf{R}$，$f(x)=-x^2+2x-1$。

(2) $f:\mathbf{Z}^+\to\mathbf{R}$，$f(x)=\ln x$，$\mathbf{Z}^+$ 为正整数集。

(3) $f:R\to\mathbf{Z}$，$f(x)=\lfloor x\rfloor$。

(4) $f:\mathbf{R}\to\mathbf{R}$，$f(x)=2x+1$。

(5) $f:\mathbf{R}^+\to\mathbf{R}^+$，$f(x)=(x^2+1)/x$，$\mathbf{R}^+$ 为正实数集

解 (1) $f:\mathbf{R}\to\mathbf{R}$，$f(x)=-x^2+2x-1$。

在 $x=1$ 时，函数 $f(x)$ 取得极大值 0。因此它既不是单射也不是满射。

(2) $f:\mathbf{Z}^+\to\mathbf{R}$，$f(x)=\ln x$。

函数 $f(x)$ 是单调上升的，所以它是单射；但 $\mathrm{ran}\, f=\{\ln 1,\ln 2,\cdots\}$，所以它不是满射，进而也不是双射。

(3) $f:\mathbf{R}\to\mathbf{Z}$，$f(x)=\lfloor x\rfloor$。

函数 $f(x)$是满射，但不单射，如 $f(1.5)=f(1.2)=1$，进而也不是双射。

(4) $f:\mathbf{R}\to\mathbf{R}, f(x)=2x+1$。

函数 $f(x)$是满射、单射、双射，因为它是单调的并且 $\text{ran} f=\mathbf{R}$。

(5) $f:\mathbf{R}^+\to\mathbf{R}^+, f(x)=(x^2+1)/x$。

函数 $f(x)$有极小值 $f(1)=2$，该函数既不是单射也不是满射，更不是双射。

下面给出常函数、恒等函数、单调函数等几种常见的函数。

(1) 设 $f:A\to B$，若 $\exists c\in B$ 使得 $\forall x\in A$ 都有 $f(x)=c$，则称 $f:A\to B$ 是**常函数**。

(2) 称 A 上的恒等关系 I_A 为 A 上的**恒等函数**，对于 $\forall x\in A$ 都有 $I_A(x)=x$。

(3) 设 $f:\mathbf{R}\to\mathbf{R}$，对于任意的 x_1、$x_2\in\mathbf{R}$，如果 $x_1<x_2$，就有 $f(x_1)\leqslant f(x_2)$，则称 f 是**单调递增**的；对于任意的 x_1、$x_2\in A$，如果 $x_1<x_2$，就有 $f(x_1)<f(x_2)$，则称 f 是**严格单调递增**的。类似地，也可以定义**单调递减**和严格**单调递减**的函数。

(4) 设 A 为集合，对于 $\forall A'\subseteq A$，A'的特征函数 $\chi_{A'}:A\to\{0,1\}$ 定义为

$$\chi_{A'}(a)=\begin{cases}1 & a\in A'\\ 0 & a\in A-A'\end{cases}$$

例如，集合 $X=\{A,B,C,D,E,F,G,H\}$，X 的子集 $T=\{A,C,F,G,H\}$，T 的特征函数 χ_T 为

x	A	B	C	D	E	F	G	H
$\chi_{T(x)}$	1	0	1	0	0	1	1	1

(5) 设 R 是 A 上的等价关系，令 $g:A\to A/R$ 且 $g(a)=[a]$，它把 A 中的元素 a 映射到 a 的等价类$[a]$中，此时称 g 是从 A 到商集 A/R 的**自然映射**。

例如，$A=\{1,2,3\}$，$R=\{\langle 1,2\rangle,\langle 2,1\rangle\}\cup I_A$，则有 $g(1)=g(2)=\{1,2\}$，$g(3)=\{3\}$。

4.8　复合函数和反函数

由于函数是一种特殊的二元关系，所以两个函数的复合本质上就是两个关系的合成，所有有关关系合成的定理都适合函数复合。

定理 4.6　设 F、G 是函数，则 $F\circ G$ 也是函数，且满足以下条件：

(1) $\text{dom}(F\circ G)=\{x\mid x\in\text{dom}\, G\wedge G(x)\in\text{dom}\, F\}$。

(2) $\forall x\in\text{dom}(F\circ G)$，有 $F\circ G(x)=F(G(x))$。

推论 4.1　设 F、G、H 为函数，则$(F\circ G)\circ H$ 和$F\circ(G\circ H)$都是函数，且$(F\circ G)\circ H=F\circ(G\circ H)$。

推论 4.2　设 $f:B\to C$，$g:A\to B$，则 $f\circ g:A\to C$，且对于 $\forall x\in A$ 都有 $f\circ g(x)=f(g(x))$。

定理 4.7　设 $f:B\to C$，$g:A\to B$：

(1) 如果 f、g 是满射，则 $f\circ g:A\to C$ 也是满射。

(2) 如果 f、g 是单射，则 $f\circ g:A\to C$ 也是单射。

(3) 如果 f、g 是双射，则 $f \circ g: A \to C$ 也是双射。

证明：(1) 对于 $\forall z \in C$，因为 f 是满射，必存在 $y \in B$ 使得 $f(y) = z$。对此 y，因为 g 是满射，所以必存在 $x \in A$，使得 $g(x) = y$。因此对于 $z \in C$，有 $x \in A$ 使得 $z = f(y) = f(g(x)) = f \circ g(x)$ 成立。所以 $f \circ g: A \to C$ 是满射。

(2) 对于任意的 x_1、$x_2 \in A$，$x_1 \neq x_2$，由 g 的单射性有 $g(x_1) \neq g(x_2)$，且 $g(x_1)$、$g(x_2) \in B = \mathrm{dom}\, f$。再由 f 的单射性有 $f(g(x_1)) \neq f(g(x_2))$，即 $f \circ g(x_1) \neq f \circ g(x_2)$，所以 $f \circ g: A \to C$ 是单射。

(3) 由(1)、(2)知，$f \circ g: A \to C$ 是双射。

本定理表明，函数的复合能够保持函数满射、单射和双射的性质。

定理 4.8 设 $f: A \to B$，则

$$f = f \circ I_A = I_B \circ f$$

下面讨论反函数。

任给一个函数 f，它的逆 f^{-1} 是二元关系，但不一定是函数。例如，函数 $f = \{\langle a, b\rangle, \langle c, b\rangle\}$，$f^{-1} = \{\langle b, a\rangle, \langle b, c\rangle\}$ 就不是函数，因为它破坏了函数的单值性。

定理 4.9 设 $f: A \to B$ 是双射，则 f^{-1} 是函数，并且是从 B 到 A 的双射函数。

证明：因为 f 是函数，所以 f^{-1} 是关系，且

$$\mathrm{dom}\, f^{-1} = \mathrm{ran}\, f = B, \quad \mathrm{ran}\, f^{-1} = \mathrm{dom}\, f = A$$

对于 $\forall y \in B = \mathrm{dom}\, f^{-1}$，假设有 x_1、$x_2 \in A$ 使得

$$\langle y, x_1\rangle \in f^{-1} \wedge \langle y, x_2\rangle \in f^{-1}$$

成立，则由逆的定义有

$$\langle x_1, y\rangle \in f \wedge \langle x_2, y\rangle \in f$$

根据 f 的单射性可得 $x_1 = x_2$，即对于 $\forall y \in B$，只有唯一的值与之对应，从而证明了 f^{-1} 是从 B 到 A 的函数，又 $\mathrm{ran}\, f^{-1} = \mathrm{dom}\, f = A$，所以 f^{-1} 是满射。

下面证明 f^{-1} 的单射性。

若存在 y_1、$y_2 \in B$，使得 $f^{-1}(y_1) = f^{-1}(y_2) = x$，则有

$$\langle y_1, x\rangle \in f^{-1} \wedge \langle y_2, x\rangle \in f^{-1} \Rightarrow \langle x, y_1\rangle \in f \wedge \langle x, y_2\rangle \in f \Rightarrow y_1 = y_2$$

所以 f^{-1} 是单射。

综上可得，如果 $f: A \to B$ 是双射，则 f^{-1} 是函数，并且是从 B 到 A 的双射函数。

定义 4.31 对于双射函数 $f: A \to B$，称 $f^{-1}: B \to A$ 是 f 的反函数。

定理 4.10 对于任意的双射函数 $f: A \to B$ 和它的反函数 $f^{-1}: B \to A$，它们的复合函数都是恒等函数，且满足

$$f^{-1} \circ f = I_A, \quad f \circ f^{-1} = I_B$$

证明：(1) $f^{-1} \circ f$ 与 I_A 的定义域均为 A。

(2) 因为 f 是双射函数，所以 f^{-1} 也是双射函数。

若 $f: x \to f(x)$，则 $f^{-1}(f(x)) = x$。

由(1)、(2)得 $f^{-1} \circ f = I_A$，即 $x \in A \Rightarrow (f^{-1} \circ f)(x) = f^{-1}(f(x)) = x$。

所以 $f^{-1} \circ f = I_A$。

同理可证 $f \circ f^{-1} = I_B$。

【例 4.30】 令 $f: \{0,1,2\} \to \{a, b, c\}$，其定义如图 4.18 所示，求 $f^{-1} \circ f$ 和 $f \circ f^{-1}$。

解　由图知

$$f=\{\langle 0,c\rangle,\langle 1,a\rangle,\langle 2,b\rangle\}$$
$$f^{-1}=\{\langle a,1\rangle,\langle b,2\rangle,\langle c,0\rangle\}$$
$$f^{-1}\circ f=\{\langle 0,0\rangle,\langle 1,1\rangle,\langle 2,2\rangle\}$$
$$f\circ f^{-1}=\{\langle a,a\rangle,\langle b,b\rangle,\langle c,c\rangle\}$$

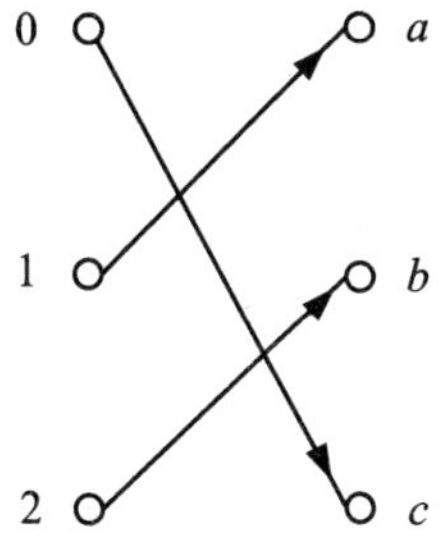

图 4.18　函数 f

定理 4.11　若 $f:X\to Y,g:Y\to Z$ 均为双射函数，则$(g\circ f)^{-1}=f^{-1}\circ g^{-1}$。

证明：(1) 因为 $f:X\to Y,g:Y\to Z$ 均为双射函数，故 f^{-1}和 g^{-1}均存在，且 $f^{-1}:Y\to X,g^{-1}:Z\to Y$，所以 $f^{-1}\circ g^{-1}:Z\to X$。由定理 4.7 知，$g\circ f:X\to Z$ 是双射的，故$(g\circ f)^{-1}$是存在的，且$(g\circ f)^{-1}:Z\to X$。

(2) $\forall z\in Z\Rightarrow$存在唯一的 $y\in Y$，使得 $g(y)=z\Rightarrow$存在唯一的 $x\in X$，从而使得 $f(x)=y$，故

$$(f^{-1}\circ g^{-1})(z)=f^{-1}(g^{-1}(z))=f^{-1}(y)=x$$

又

$$(g\circ f)(x)=g(f(x))=g(y)=z$$

故

$$(g\circ f)^{-1}(z)=x$$

所以对于$\forall z\in Z$，有

$$(g\circ f)^{-1}(z)=(f^{-1}\circ g^{-1})(z)$$

由(1)、(2)可知，$(g\circ f)^{-1}=f^{-1}\circ g^{-1}$。

习　题　4

1. 设 $A=\{1,2\}$，求 $P(A)\times A$。

2. 设 A、B、C、D 为任意的集合，判断以下等式是否成立，并说明为什么。

(1) $(A\cup B)\times(C\cup D)=(A\times C)\cup(B\times D)$。

(2) $(A-B)\times(C-D)=(A\times C)-(B\times D)$。

3. 设 A、B、C、D 为任意的集合，证明 $A\times B\subseteq C\times D$ 的必要非充分条件为 $A\subseteq C$ 且 $B\subseteq D$。

4. 设 $F=\{\langle a,\{a\}\rangle,\langle\{a\},\{a,\{a\}\}\rangle\}$，求 $F\circ F$，$F\upharpoonright\{a\}$，$F[\{a\}]$。

5. 集合 $I=\{1,2,3,4\}$，I 上有如下几种关系：

(1) $R_1=\{\langle 1,1\rangle,\langle 1,3\rangle,\langle 2,2\rangle,\langle 3,3\rangle,\langle 3,1\rangle,\langle 3,4\rangle,\langle 4,3\rangle,\langle 4,4\rangle\}$。

(2) $R_2=\{\langle 2,1\rangle,\langle 1,3\rangle\}$。

(3) $R_3=\varnothing$。

讨论这些关系具有的性质。

6. 设某人有 3 个儿子,组成集合 $A=\{T,G,H\}$,在 A 上的兄弟关系具有哪些性质?

7. 设集合 $A=\{a,b,c\}$、$R=\{\langle a,b\rangle,\langle b,b\rangle,\langle b,c\rangle\}$是 A 上的二元关系,求闭包 $r(R)$、$s(R)$、$t(R)$,并写出 $r(R)$、$s(R)$、$t(R)$的关系矩阵,画出相应的关系图。

8. 设 R 的关系图如图 4.19 所示,试给出 $r(R)$、$s(R)$、$t(R)$的关系图。

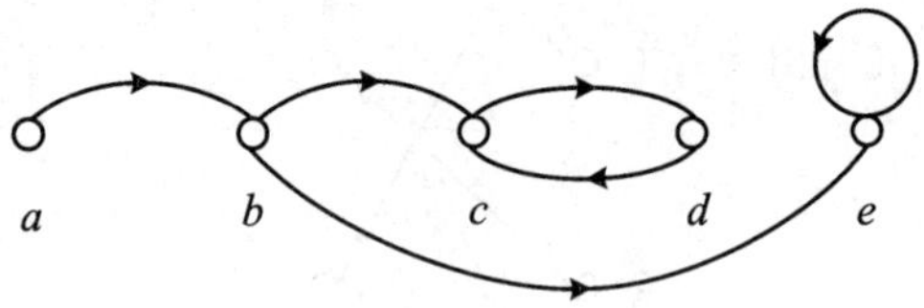

图 4.19 R 的关系图

9. 设集合 $T=\{1,2,3,4\}$,R 的关系矩阵为 $\boldsymbol{M}$:

$$\boldsymbol{M}=\begin{bmatrix}1&0&0&1\\0&1&1&0\\0&1&1&0\\1&0&0&1\end{bmatrix}$$

验证 R 是 T 上的等价关系。

10. 设集合 $A=\{1,2,3,4\}$,求出 A 上所有的等价关系。

11. 考虑集合 $A=\{a,b,c,d\}$的下列子集族,判断它们是否为 A 的划分。

(1) $\{\{a\},\{b,c\},\{d\}\}$。

(2) $\{\{a,b,c,d\}\}$。

(3) $\{\{a,b\},\{c\},\{a,d\}\}$。

(4) $\{\varnothing,\{a,b\},\{c,d\}\}$。

(5) $\{\{a\},\{b,c\}\}$。

12. 画出$\langle\{1,2,\cdots,12\},R_{整除}\rangle$的哈斯图。

13. 构造下述函数的例子:

(1) 非空线序集,其中某些子集没有最小元。

(2) 非空偏序集,它不是线序集,其中某些子集没有最大元。

(3) 一个偏序集有一个子集,它存在一个最大下界,但没有最小元素。

(4) 一个偏序集有一个子集,它存在一个最小上界,但没有最大元素。

14. 画出集合 $S=\{1,2,3,4,5,6\}$在偏序关系"整除"下的哈斯图,

(1) 写出$\{1,2,3,4,5,6\}$的最大元、最小元、极大元和极小元。

(2) 分别写出$\{2,3,5\}$和$\{2,3,6\}$的上界、下界、上确界和下确界。

15. 假设有函数 $f:A\to B$,并定义另一个函数 $G:B\to P(A)$,对于 $b\in B$,$G(b)=\{x\in A\mid f(x)=b\}$,证明:

(1) 如果 f 是 A 到 B 的满射,则 G 是单射。

(2) 其逆命题"G 是单射,则 f 是从 A 到 B 的满射"不成立。

16. 设 $f:R\to R$，$g:R\to R$，

$$f(x)=\begin{cases}x^2 & x\geqslant 3\\ -2 & x<3\end{cases}$$

$$g(x)=x+2$$

(1) 求 $f\circ g$ 和 $g\circ f$。

(2) 如果 f 和 g 存在反函数，求出它们的反函数。

17. 设 f、g、$h\in R^R$，且有 $f(x)=x+3$，$g(x)=2x+1$，$h(x)=x/2$。分别求 $f\circ g$、$g\circ f$、$f\circ f$、$g\circ g$、$h\circ f$、$g\circ h$、$f\circ h$、$f\circ h\circ g$。

18. 若 $f:x\to y$ 是双射函数，证明 $(f^{-1})^{-1}=f$。

第 3 部分
图论

第5章　图

抽象出一个简单模型来反映复杂问题的本质和核心是计算机科学的基本思路之一。也许互联网、脑科学、地图和社会网络是当今社会所遇到的较庞大、较复杂的研究对象，然而借助于复杂网络或图这些工具，人们将更准确地把握它们的本质特征，从而更深层次地去了解它们。

图最早起源于困扰哥尼斯堡(Königsberg)居民的七桥问题。欧拉巧妙地将七桥问题抽象成点和线表示的图，不仅圆满地回答了哥尼斯堡居民提出的问题，而且得到并证明了更为广泛的相关结论。随着欧拉于1736年第一篇关于图的论文的发表，图论作为一门新的数学学科从此诞生。

现在，图论在各种物理学科、工程、社会学科领域都有应用，在计算机科学的许多领域(如逻辑设计、计算机网络、数据结构、数据库、操作系统、人工智能、网络理论)中，它都占有一席之地。

5.1　图的基本概念

图是现实世界中许多实际问题的数学模型。以互联网为例，我们可以将WEB页面抽象为点集、页面之间的链接抽象为边集构成一张图。借助于图论知识，搜索引擎将准确、高效地向用户推送有效信息。需要注意的是，图论中的图和几何学中的图形区别较大，前者只关心图中有哪些点以及各点之间是否有边，至于作图时各点的位置，边的长短、曲直、是否相交都无关紧要，因为图的数学表示就是一个集合 S 以及定义在这个集合上的一个二元关系 R。

5.1.1　无向图和有向图

定义 5.1　图 G 是一个二元组 $\langle V,E\rangle$，其中：V 是非空有限集，称为 G 的顶点集，其元素称为顶点或结点；E 是 V 中各顶点之间边或弧的多重集(允许元素重复)，称为 G 的边集。

图 G 的边可以是无方向的，这种边称为无向边，用 (v_i, v_j) 或 (v_j, v_i) 表示。全由无向边构成的图 G 称为**无向图**。通常 V 即为 $V(G)$，E 即为 $E(G)$。

图 G 的边也可以是有方向的，这种边称为有向边(或弧)，用有序对 $\langle v_i, v_j\rangle$ 表示：v_i 称为该有向边的始点，v_j 为该有向边的终点。全由有向边构成的图称为**有向图**，有向图

常记作 D。

注：符号 G 有时指代无向图，有时泛指无向图和有向图。

若 $|V|=n,|E|=m$，则称 G 为 (n,m) **图**。n 是图 G 的阶，也可称 G 为 n **阶图**。$m=0$ 时，G 中仅含孤立点，这时称 G 为**零图**。特别地，当 $n=1$ 且 $m=0$，G 中仅含单个孤立点时，称 G 为**平凡图**。

【例 5.1】 (1) 无向图 $G=\langle V,E\rangle$，其中

$$V=\{v_1,v_2,v_3,v_4,v_5\},$$

$$E=\{(v_1,v_2),(v_1,v_5),(v_2,v_3),(v_2,v_3),(v_2,v_5),(v_3,v_5),(v_5,v_5)\}$$

G 对应的图形如图 5.1(a)所示。

(2) 有向图 $D=\langle V,E\rangle$，其中

$$V=\{v_1,v_2,v_3,v_4,v_5\}$$

$$E=\{\langle v_1,v_3\rangle,\langle v_1,v_5\rangle,\langle v_2,v_2\rangle,\langle v_3,v_2\rangle,\langle v_3,v_4\rangle,\langle v_3,v_4\rangle,\langle v_4,v_5\rangle,\langle v_5,v_1\rangle\}$$

D 对应的图形如图 5.1(b)所示。

定义 5.2 设无向图 $G=\langle V,E\rangle$，u、$v\in V$，若存在边 $e=(u,v)\in E$，则称顶点 u 和顶点 v 是彼此**相邻**的，u 和 v 称作 e 的两**端点**，边 e 和顶点 u（或 v）是彼此**关联**的。关联于同一个顶点的边称为**环**，无边关联的顶点称为**孤立点**。同样，若边 e_k、$e_l\in E$ 至少有一个公共端点，则称边 e_k、e_l 是彼此相邻的。

设有向图 $D=\langle V,E\rangle$，u、$v\in V$，若存在边 $e=\langle u,v\rangle\in E$，则称 u 邻接到 v，或称 v 邻接于 u，u 是 e 的始点，v 是 e 的终点。

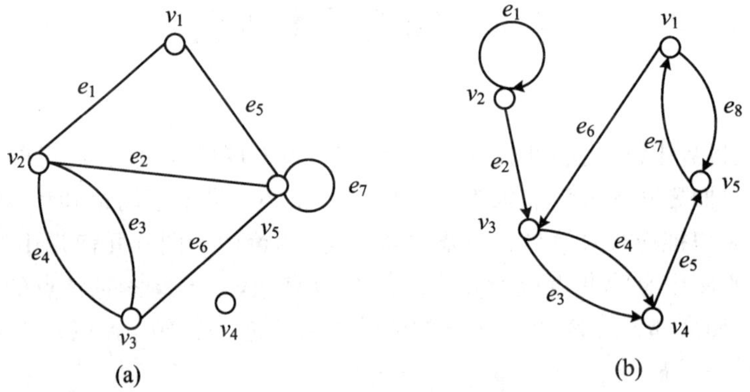

图 5.1 无向图与有向图示例

若关联于一对顶点的边多于一条，则称这些边为**平行边**，平行边的条数称**重数**。对于有向**平行边**，要求这些边的始点和终点均相同。

含平行边的图称为**多重图**[①]。把不含环和平行边的图称为**简单图**，图论中的很多重要结果是针对简单图得到的，易于对它进行抽象的数学处理，而且这些结果也可推广到多重图。

在图 5.1(a)中：$e_1=(v_1,v_2)$，v_1、v_2 是 e_1 的两个端点，v_1、v_2 彼此相邻，称 e_1 与 v_1、

① 图有三种类型：简单图、多重图和伪图。本书对后两类不再细分。

v_2是关联的；v_4是孤立点，e_7是环；e_1和e_3相邻且有公共端点v_2；e_3和e_4是平行边。在图5.1(b)中：$e_2=(v_2,v_3)$，v_2是e_2的始点，v_2是e_2的终点，v_2邻接到v_3，v_3邻接于v_2；e_3和e_4是平行边。

5.1.2 度及握手定理

定义 5.3 称无向图 G 中顶点 v 所关联的边数(若与环关联，可视为两条边)为该点的**度**(**度数**)，记作 $d(v)$。

在有向图 D 中，称以顶点 v 为始点的边数为该点的出度，记作 $d^+(v)$；称以顶点 v 为终点的边数为该点的入度，记作 $d^-(v)$。定义 $d(v)=d^+(v)+d^-(v)$ 为顶点 v 的度。

任何图 G(无向图或有向图)，所有顶点度的最大值称为 G 的**最大度**，记为 $\Delta(G)$；所有顶点度的最小值称为 G 的**最小度**，记为 $\delta(G)$。

在图5.1(a)中，$d(v_1)=2$，$d(v_2)=4$，$d(v_3)=3$，$d(v_4)=0$，$d(v_5)=5$；$\Delta(G)=5$，$\delta(G)=0$。在图5.1(b)中，$d^+(v_1)=2$，$d^-(v_1)=1$，$d(v_1)=3$；$d^+(v_2)=2$，$d^-(v_2)=1$，$d(v_2)=3$；$d^+(v_3)=3$，$d^-(v_3)=1$，$d(v_3)=4$；$\Delta(G)=4$，$\delta(G)=3$。

定理 5.1 设无向图 $G=\langle V,E\rangle$，若 $V=\{v_1,v_2,\cdots,v_n\}$，$|E|=m$，则 $\sum_{v=i}^{n}d(v_i)=2m$。

证明：设 $e=(u,v)\in E$，则单边 e 给两个关联顶点 u、v 各贡献一度，这样图中的每条边在计算其所关联的顶点度时均贡献2度，m 条边共提供了 $2m$ 度，此数为所有边关联的所有关联顶点的度之和。显然，无边关联的孤立点的度为0。

对于有向图，上式也可以写成

$$\sum_{i=1}^{n}d^+(v_i)+\sum_{i=1}^{n}d^-(v_i)=2m$$

$$\sum_{i=1}^{n}d^+(v_i)=\sum_{i=1}^{n}d^-(v_i)=m$$

此定理常称为**握手定理**，据此可得下面的推论：

推论 5.1 任何图中，度数为奇数的顶点必为偶数个。

证明：只考虑无向图。设 v_i、v_j分别表示图 G 中度为奇数和偶数的两类顶点。由于和式

$$\sum_{v_i\in\{\text{奇度点}\}}d(v_i)+\sum_{v_j\in\{\text{偶度点}\}}d(v_j)=\sum_{v\in V}d(v)=2m$$

为偶数，而 $\sum_{v_j\in\{\text{偶度点}\}}d(v_j)$ 是偶数，故 $\sum_{v_i\in\{\text{奇度点}\}}d(v_1)$ 也是偶数。考虑到必须有偶数个奇数相加才可以是偶数，所以度数为奇数的顶点必有偶数个。

设 $V=\{v_1,v_2,\cdots,v_n\}$ 为无向图 G 的顶点集，称 $(d(v_1),d(v_2),\cdots,d(v_n))$ 为图 G 的**度数序列**。反之，若任意给定的非负整数序列 $d=(d_1,d_2,\cdots,d_n)$ 是某个无向图的度数序列，则称序列 d 是**可图化**的；进一步，若 d 恰好构成 n 阶无向简单图的度数序列，

则称该序列是**可简单图化**的。

例如,图 5.1(a)的度数序列是(2,4,3,0 ,5),其中有 2 个奇数,图 5.1(b)的度数序列是(3,3,4,3,3),其中有 4 个奇数,它们均有偶数个奇数。同样可以对有向图定义**出度序列**$(d^+(v_1),d^+(v_2),\cdots,d^+(v_n))$与**入度序列**$(d^-(v_1),d^-(v_2),\cdots,d^-(v_n))$。例如,图 5.1(b)的出度序列与入度序列分别是(2,1,3,1,1)和(1,2,1,2,2)。

【例 5.2】 (1) $d_1=(2,3,3,5,6)$和 $d_2=(1,2,2,3,4)$能构成无向图的度数序列吗?为什么?

(2) $d_3=(1,4,2,3,4,4)$能否是一个无向简单图的度数序列?

(3) 已知图 G 中有 11 条边,1 个 4 度顶点,4 个 3 度顶点,其余顶点的度均不大于 2,问图 G 中至少有几个顶点?

解 (1) d_1中有 3 个奇数,根据握手定理,不能构成图的度数序列。d_2有两个奇数,可以找到多个图以 d_2作为度数序列,见图 5.2(a)。

(2) 首先 d_3 是可图化的。假设存在这样一个无向简单图:将它的度数序列从大到小排序,得到(4,4,4,3,2,1)。先去掉第一个顶点,将它的所有边删除:因为第一个顶点的度数是 4,所以从第二个顶点开始依次取 4 个顶点,每个顶点的度数减 1,其余顶点的度保持不变,即由(**4,4,3,2,**1)得到序列(**3,3,2,1,**1)。此时序列仍可图化,第一个顶点的度数为 3,同理可由(**3,2,1,**1)得到(**2,1,0,**1)。重新排序得到(2,1,1,0),此时序列仍可图化。如此反复,最后得到(**0,0,**0)。由该序列构造的简单无向图见图 5.2(b),感兴趣的读者可进一步学习 Havel-Hakimi 定理。

(3) 由握手定理,G 中的各顶点度之和为 22。1 个 4 度顶点,4 个 3 度顶点共 16 度,还剩 6 度,若其余顶点全是 2 度点,还需要 3 个顶点,所以 G 至少有 $1+4+3=8$ 个顶点。考虑到可以任意添加孤立点,所以无法确定最多有多少个顶点。

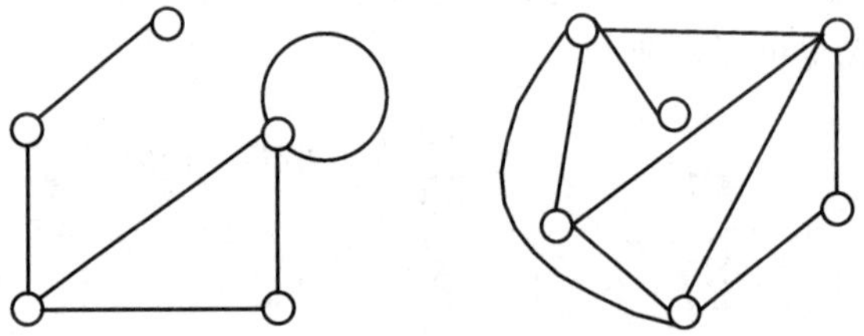

(a) (b)

图 5.2 可图形化度数序列

5.1.3 完全图、子图和补图

定义 5.4 设 $G=\langle V,E\rangle$是 n 阶无向简单图,若 G 的任何顶点都与其余的 $n-1$ 个顶点相邻,则称 G 为n 阶**无向完全图**,记为 K_n。

设 $D=\langle V,E\rangle$是 n 阶有向简单图,如果对于 D 的任何两个不同的顶点u 和v,u 邻接到v,v 也邻接到u,则称 D 是一个**有向完全图**。

图 5.3 中,图(a)、(b)、(c)分别是无向完全图 K_3、K_4和 K_5,(d)是 3 阶有向完全图。

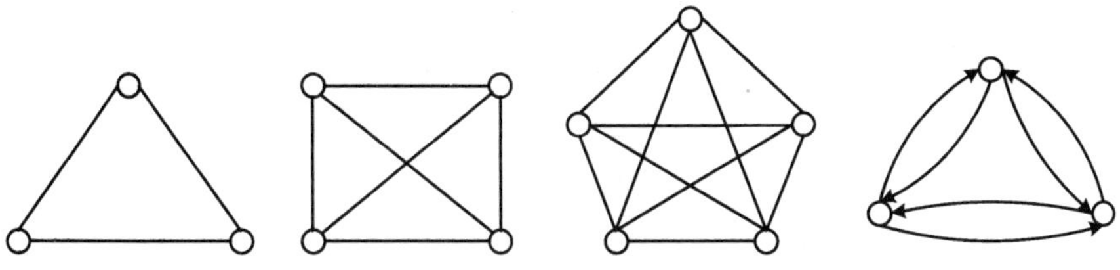

(a)　　(b)　　(c)　　(d)

图 5.3　完全图

在无向完全图 K_n 中，边数 $m=C_n^2=\dfrac{n(n-1)}{2}$，在 n 阶完全有向图中，边数 $m=2C_n^2=n(n-1)$。

定义 5.5　设 $G=\langle V,E\rangle$，$G'=\langle V',E'\rangle$ 是两个无向图：若 $V'\subseteq V$，$E'\subseteq E$，则称 G' 是 G 的**子图**，并称 G 是 G' 的**母图**，记为 $G'\subseteq G$；若 $G'\subseteq G$ 且 $G'\neq G$，则称 G' 是 G 的一个**真子图**；若 $G'\subseteq G$，$V'=V$，则称 G' 是 G 的**生成子图**。

以 V' 为顶点集，以两个端点均在 V' 中的全体边为边集，并保持它们的关联关系得到的 G 的子图，称为 G 的由 V' 导出的(顶点)**导出子图**，记为 $G[V']$；以 E' 为边集，以与 E' 中边关联的顶点的全体为顶点集，并保持它们的关联关系得到的 G 的子图，称为 G 的由 E' 导出的(边)**导出子图**，记为 $G[E']$。

类似地，对于有向图，也可以定义子图与导出子图的概念。

在图 5.4 中：图(b)、(c)是(a)的子图，(c)也是生成子图；图(b)是顶点集 $\{v_2,v_3,v_4\}$ 的导出子图，也是边集 $\{e_2,e_3e_4,e_6\}$ 的导出子图；图(c)同时也是边集 $\{e_1,e_2,e_5\}$ 的导出子图。

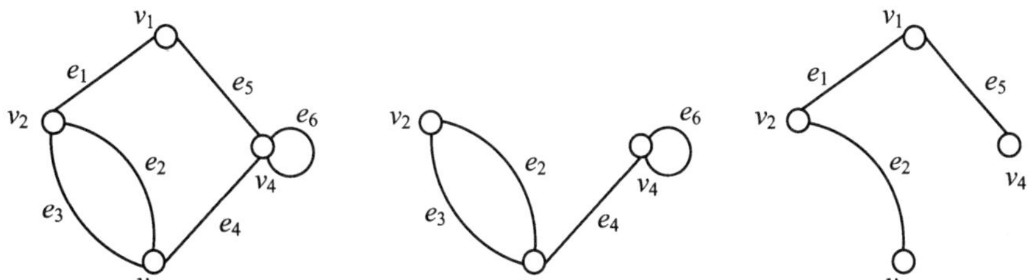

(a)　　(b)　　(c)

图 5.4　子图示例

定义 5.6　设 $G=\langle V,E\rangle$ 是一无向简单图，G 的**补图** $\overline{G}$ 是指这样的一个无向简单图：它的顶点集是 V，$\overline{G}$ 中两顶点相邻当且仅当它们在 G 中不相邻。显然如果将 n 阶无向简单图 G 看成是 n 阶无向完全图 K_n 的一个生成子图，那么将 G 中的边从 K_n 中去掉，则得到的正是 G 的另一生成子图——补图 $\overline{G}$。同样可定义有向图的补图。

在图 5.5 中(a)和(b)、(c)和(d)互为补图。

在图论的研究中，我们更关心的是图的结构，而这种"形而上"的结构与顶点及边的具体元素或图形的画法无关。结构相同的图具有很多相同的性质，对此，我们引入图的同构概念。

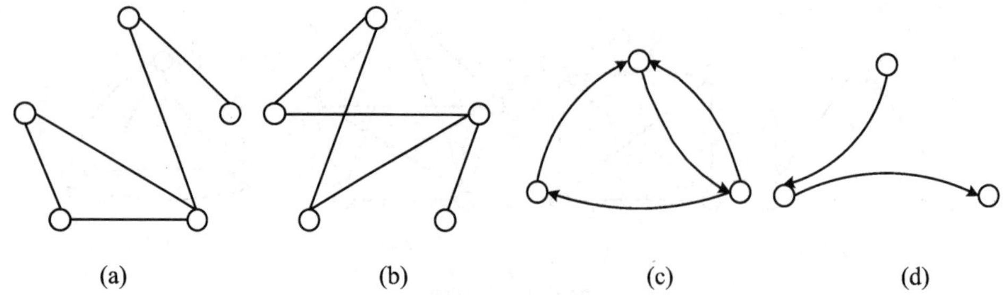

图 5.5　补图示例

5.1.4　图的同构

定义 5.7　$G_1=\langle V_1,E_1\rangle$，$G_2=\langle V_2,E_2\rangle$是两个无向图。若存在一个双射函数 f：$V_1\to V_2$，对于所有顶点 u、$v\in V_1$，满足$(u,v)\in E_1$当且仅当$(f(u),f(v))\in E_2$，并且(u,v)与$(f(u),f(v))$的重数相同，则称图 G_1 与 G_2 是**同构**的，记为 $G_1\cong G_2$。换句话说，如果 G_1 与 G_2的顶点可以通过标号（或重新标号）而形成两个相同的图，那么它们是同构的。

类似地，若 G_1 与 G_2是有向图，也可定义它们同构的概念。

在图 5.6 中，可以验证(a)$\cong$(b)、(c)$\cong$(d)、(e)$\cong$(g)、但(e)$\ncong$(f)、(h)$\ncong$(i)。

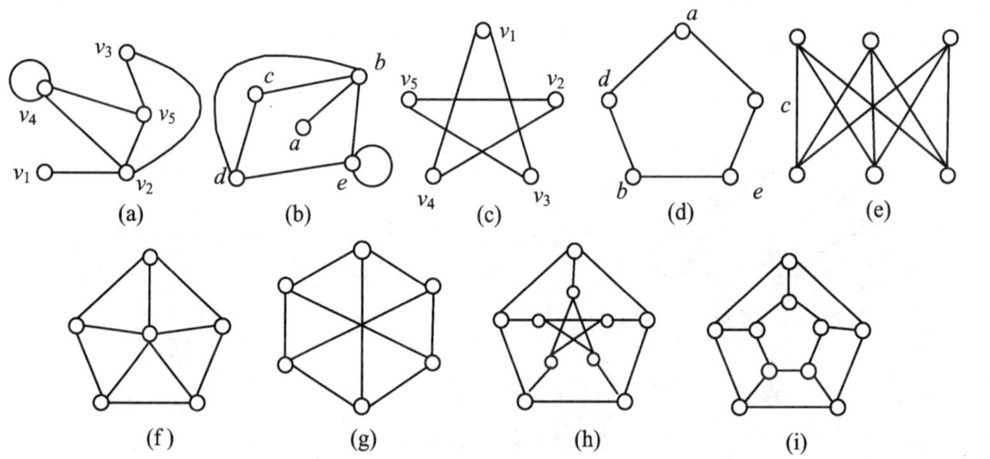

图 5.6　图的同构

从定义可知，欲证明两图同构，只需构造一个函数 f，在保证顶点一一对应的同时，相邻的边也保持对应。图 5.6(a)、(b)中各顶点度不同（即使相同也易区分），很容易构造这样的函数；而图(c)～(i)各顶点度均相等，构造这样的函数是个难题，因为判断其中的任意两个图是否同构等价于对 n 个顶点重排（重新标号），时间复杂度为 $O(n!)$。

【例 5.3】（1）画出含 4 条边的所有非同构的 5 阶简单图。

（2）画出含 2 条边的所有非同构的 3 阶有向简单图。

解　（1）由握手定理知所画图中的顶点度数之和为 8，最大度为 4，所以可将 8 分解

为 5 个非负整数,并将它们序列化为 5 组度数序列:

$$(4,1,1,1,1)$$
$$(3,2,2,1,0)$$
$$(3,2,1,1,1)$$
$$(2,2,2,2,0)$$
$$(2,2,2,1,1)$$

形成的度数序列必须满足序列可简单图化,见图 5.7(a)~(e)。

(2) 所要求的图中度数之和为 4,入度之和等于出度之和等于 2,见图 5.7(f)~(i)。

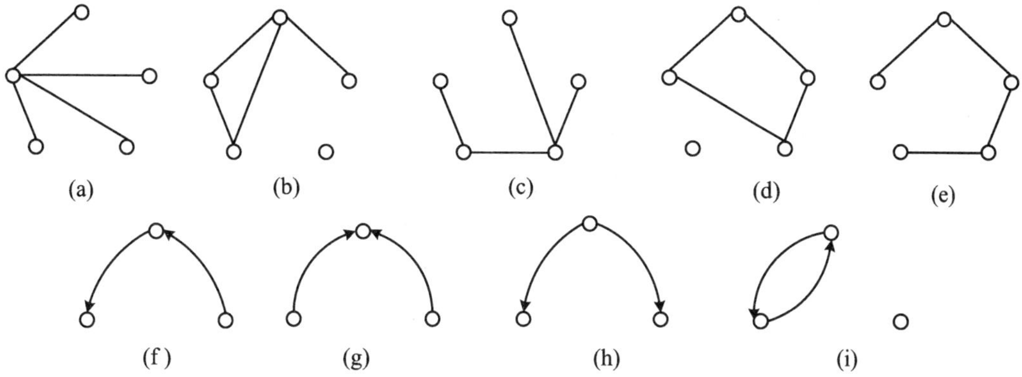

图 5.7

5.2 图的连通性

通路与连通性是图论中重要而基本的概念,它们是图论许多概念和事实的基础。

5.2.1 通路与回路

定义 5.8 设 $G=\langle V,E\rangle$是无向图,G 中顶点与边的交替序列 $\Gamma=v_0e_1v_1e_2v_2\cdots e_lv_l$称为顶点 v_0到顶点 v_l的通路,其对所有 $1\leqslant i\leqslant l$,均有 $e_i=(v_{i-1},v_i)$,且 v_0、v_l分别称为通路 Γ 的始点和终点。

设 $D=\langle V,E\rangle$是有向图,D 中顶点与边的交替序列 $\Gamma=v_0e_1v_1e_2v_2\cdots e_lv_l$称为顶点 v_0到顶点 v_l的**通路**,其对所有 $1\leqslant i\leqslant l$,均有 $e_i=\langle v_{i-1},v_i\rangle$,且 v_0、v_l分别称为通路Γ 的始点和终点。

其中 l 称为通路Γ 的长度。若 $v_0=v_l$,则称通路 Γ 为**回路**。若通路中的边互不相同,则通路称为**简单通路**(或迹),若进一步有 $v_0=v_l$,则通路称为**简单回路**。若通路的顶点互不相同(起点与终点可相同),则通路称为**初级通路**(或**路径**),若进一步有 $v_0=v_l$,则通路称为**初级回路**(或**圈**)。

有时还可以用顶点序列 $v_0v_1v_2\cdots v_l$表示 v_0到 v_l的通路,$v_0v_1v_2\cdots v_lv_0$表示 v_0到

v_0的回路，或者用 $v_0 \xrightarrow{*} v_l$表示v_0到 v_l间存在长度大于等于 1 的通路，$v_0 \xrightarrow{l} v_l$表示 v_0到 v_l间存在长度为l 的通路。

【例 5.4】 给出图 5.8 所示的 v_1到 v_7的初级通路、简单通路，以及过 v_5的简单回路和初级回路

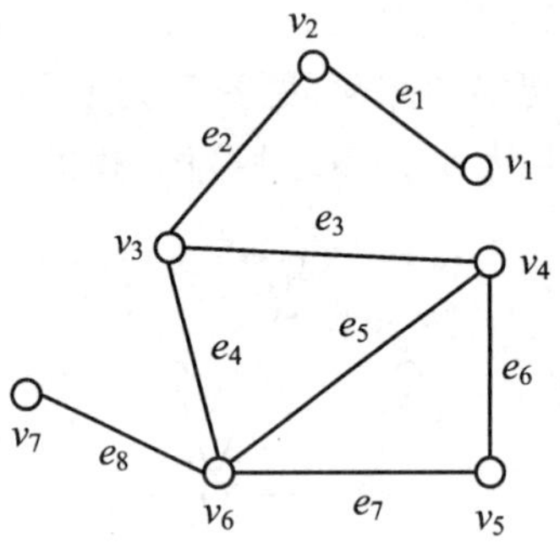

图 5.8 通路与回路

v_1到 v_7的初级通路有：$v_1v_2v_3v_4v_6v_7$，长度为 4；$v_1v_2v_3v_4v_5v_6v_7$，长度为 6。简单通路有：$v_1e_1v_2e_2v_3e_4v_6e_8v_7$，长度为 4，$v_1e_1v_2e_2v_3e_4v_6e_5v_4e_6v_5e_7v_6e_8v_7$，长度为 7。过 v_5的初级回路有：$v_3v_4v_5v_6v_3$，长度为 4；简单回路有：$v_3e_3v_4e_6v_5e_7v_6e_4v_3$，长度为 4，$v_4e_6v_5e_7v_6e_4$，长度为 3。

定理 5.2 在 n 阶图G 中，若顶点 v_i到顶点v_j（$v_i \neq v_j$）存在通路，则一定存在长度小于等于 $n-1$ 的通路。

证明：设 $\Gamma = v_i \xrightarrow{l} v_j$：若 $l \leqslant n-1$，则 Γ 为所求通路；否则，$l \geqslant n$，$l+1>n$，意味着 Γ 上至少存在一个重复顶点，不妨记作 v_k，即 $v_i \xrightarrow{*} v_k \xrightarrow{*} v_k \xrightarrow{*} v_j$。删除 $v_k \xrightarrow{*} v_k$ 回路，至少删除一条边，得到通路 $\Gamma' = v_i \xrightarrow{*} v_k \xrightarrow{*} v_j$，$\Gamma'$的长度比$\Gamma$ 的长度至少减少 1。若 Γ'的长度$l' \leqslant n-1$，Γ'为所求，否则对 Γ'重复以上过程，经过有限步后必构造出长度小于等于 $n-1$ 的通路。

根据上述图的构造证明思路得到如下推论：

推论 5.2 在 n 阶图G 中，若顶点 v_i到顶点v_j（$v_i \neq v_j$）存在通路，则一定存在长度小于等于 $n-1$ 的初级通路。

定理 5.3 在 n 阶图G 中，若顶点 v_i到自身存在回路，则一定存在长度小于等于 n 的通路。

证明方法类似于定理 5.2。

推论 5.3 在 n 阶图G 中，若顶点 v_i到自身存在简单回路，则一定存在长度小于等于 n 的初级通路。

5.2.2 连通图

定义 5.9 设 G 是无向图，若顶点 u 与 v 之间存在通路，则称 u 与 v 是**连通**的，记作 $u \sim v$。规定 u 与自身总是连通的。若 G 中任意的顶点对u 和v 都是连通的，则称 G

是**连通图**,否则称 G 是**非连通图**。

设 $G=\langle V,E\rangle$是一无向图,设 $R=\{\langle u,v\rangle \mid u,v\in V$ 且$x\sim y\}$。容易验证关系 R 满足自反性、对称性和传递性,因而 R 是 V 上的等价关系。设 R 的不同的等价类分别为 V_1、V_2、…、V_k,则称它们的导出子图 $G[V_1]$、$G[V_2]$、…、$G[V_k]$为 G 的**连通分支**,其连通分支的个数记为 $P(G)(=k)$。显然若 $P(G)=1$,则 G 是连通图;若 $P(G)\geqslant 2$,则 G 是非连通图。

对一个连通图来说,常可由删除它的一些顶点或一些边而破坏它的连通性。用这种方法破坏图的连通性时,对有些图只需删除很少的顶点或边,而对另一些图需要删除较多的顶点或边,这表明它们连通的程度是不一样的。如何描述连通图的连通程度呢?为此,我们引出图的点连通度与边连通度的概念。

设 $G=\langle V,E\rangle$是无向图。$V'\subset V$,令 $G-V'$表示从 G 中删除 V'及与 V'中顶点相关联的所有边得到的图;$E'\subseteq E$,令 $G-E'$表示从 G 中删除 E'的所有边(但不删除其顶点)得到的图。

定义 5.10 设 $G=\langle V,E\rangle$是无向图,$V'\subset V$ 且非空,$\forall V''\subset V'$,$E'\subseteq E$ 且非空,$\forall E''\subset E'$。

若 $P(G-V')>P(G)$且 $P(G-V'')=P(G)$,则称 V'是G 的一个**点割集**。当 V'是一元子集时,其中的顶点元素称为**割点**。若 $P(G-E')>P(G)$且 $P(G-E'')=P(G)$,则称 E'是G 的一个**边割集**。当 E'是一元子集时,其中的顶点元素称为**割边**(或桥)。

【例 5.5】 在图 5.9 中,顶点 3、4 是割点,顶点子集{2,8}、{5,7}是点割集,而顶点子集{1,9}、{4,5}、{1,2,8}不是点割集。边(3,4)是桥,边子集{(2,3),(3,8)}、{(4,5),(4,7)}、{(1,2),(2,9),(2,8),(3,8)}是割集,而边子集{(3,4),(4,5)}、{(2,3),(2,8),(3,8)}、{(1,2),(2,8),(1,8)}不是割集。

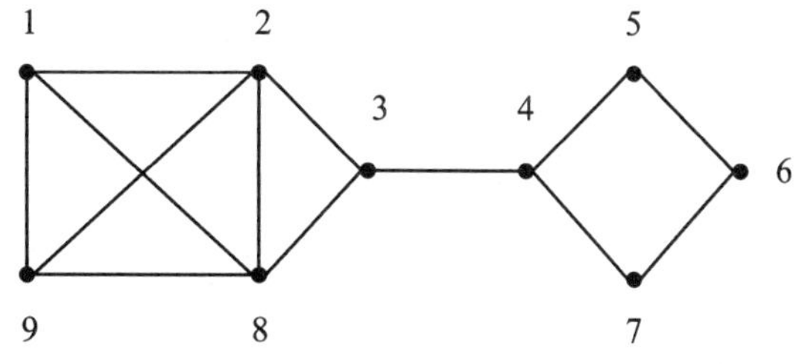

图 5.9

对一个连通图来说,通常用最小的点割集和边割集来刻画它的连通程度。

定义 5.11 设 $G=\langle V,E\rangle$为 n 阶无向连通图。定义:

(1) $K(G)=\min\{|V'|\mid V'$是G 的点割集}。若 $G=k_n$,$K(G)=n-1$。

(2) $\lambda(G)=\min\{|E'|\mid E'$是$E$ 的边割集}。若 G 是平凡图,$\lambda(G)=0$。

则 $K(G)$与 $\lambda(G)$分别称为无向图 G 的**点连通度**与**边连通度**。

定理 5.4 设 $G=\langle V,E\rangle$是任意无向图,则有 $K(G)\leqslant\lambda(G)\leqslant\delta(G)$。

证明思路:$\lambda(G)\leqslant\delta(G)$是显然的,只需说明 $K(G)\leqslant\lambda(G)$。如图 5.10 所示,假设 E'是G 的最小边割集,令 $E'=\{e_{i1},e_{i2},\cdots,e_{ik}\}$。我们现在的任务是从 E'关联的顶点中

找出 G 的一个点割集 V'。假设 E' 可将图分割成两个连通分支 G_1 和 G_2。考虑到 E' 中的 k 条边最多关联 $2k$ 个顶点，如图 5.10(a)所示，此时连通分支 G_1 或 G_2 中的 k 个顶点或少于 k 个顶点组成点割集，如图 5.10(b)所示。

设 $D=\langle V,E\rangle$ 是一有向图。u、v 是 D 中的两个顶点。若从 u 到 v 有通路，则称 u 可达 v。若 u 可达 v，v 也可达 u，则称 u 与 v 是相互可达的。规定 u 到 u 总是可达的。

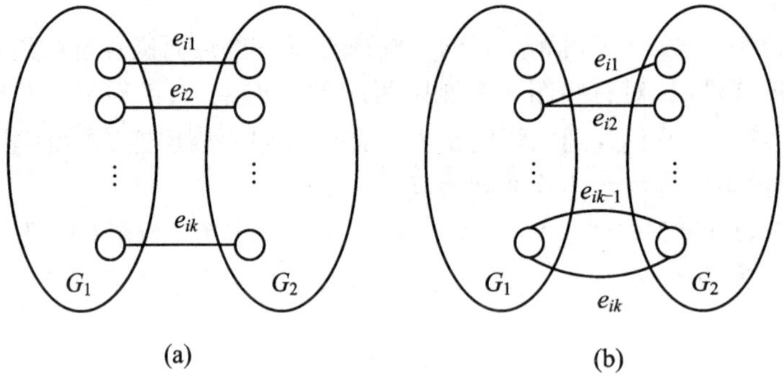

图 5.10

定义 5.12 设 D 是一有向图：若 D 的基图[①]是连通的，则称 D 是**弱连通图**；若 D 中的任意两个顶点至少有一个可达另一个，则称 D 是**单向连通图**；若 D 中任意两个顶点是相互可达的，则称 D 是**强连通图**。

例如，在图 5.11 中，(a)是强连通图，(b)是单向连通图，(c)是弱连通图。

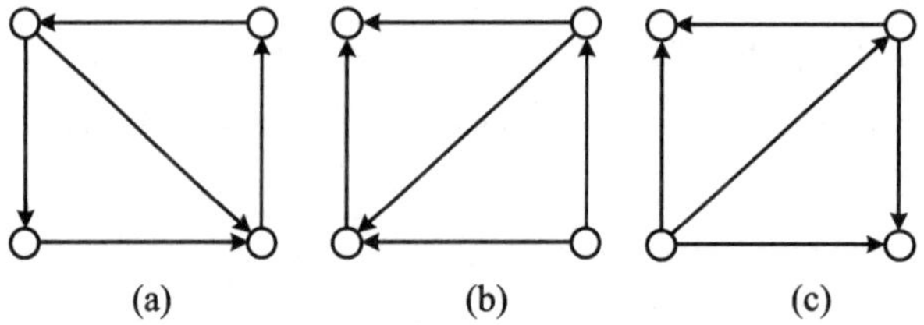

图 5.11

不难看出，强连通图一定是单向连通图，单向连通图一定是弱连通图。

定理 5.5 一个有限图 D 是强连通图当且仅当 D 中存在一条回路至少经过图中的每个顶点 1 次。

定理 5.6 一个有限图 D 是单向连通图当且仅当 D 中存在一条通路至少经过图中的每个顶点 1 次。

以上是强连通图和单向连通图的判定定理。观察图 5.11，由定理 5.5 和 5.6 很容易判定(a)、(b)的连通图类型。

① 不考虑有向图边的方向而得到的无向图称为该有向图的基图。

5.3 图的矩阵表示

图除了可用图形表示外，还可以用矩阵表示。图的矩阵表示不但可以用以深入地研究图的代数性质，而且也便于图的计算机存储和处理。

5.3.1 关联矩阵

定义 5.13 设无环无向图 $G=\langle V,E\rangle$，其中 $V=\{v_1,v_2,\cdots,v_n\}$，$E=\{e_1,e_2,\cdots,e_m\}$，令

$$m_{ij}=\begin{cases}1 & v_i \text{ 与 } e_j \text{ 关联}\\ 0 & v_i \text{ 与 } e_j \text{ 不关联}\end{cases}$$

则称 $(m_{ij})_{n\times m}$ 为 G 的**关联矩阵**，记为 $\boldsymbol{M}(G)$。

当 $n=5$，$m=6$ 时，如图 5.12 所示。

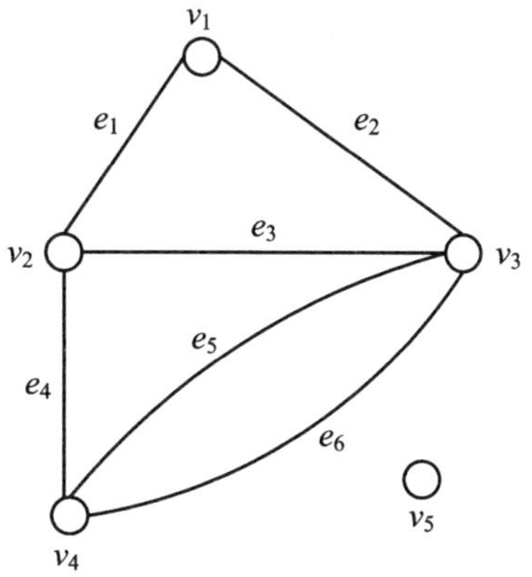

图 5.12

无向图 5.12 的关联矩阵为

$$\boldsymbol{M}(G)=\begin{bmatrix}1&1&0&0&0&0\\1&0&1&1&0&0\\0&1&1&0&1&1\\0&0&0&1&1&1\\0&0&0&0&0&0\end{bmatrix}$$

无向图的关联矩阵具有以下性质：

(1) 每列恰有两个 1，因为每条边关联一对顶点。

(2) 第 i 行元素之和为 v_i 的度数，即 $\sum_{j=1}^{m} m_{ij}=d(v_i)$。

(3) 所有元素之和等于 $2m$，即

$$\sum_{i=1}^{n}\sum_{j=1}^{m} m_{ij} = \sum_{j=1}^{m}\sum_{i=1}^{n} m_{ij} = 2m$$

(4) 若两列相同,则它们对应的边为平行边。

(5) 若某行全为 0,则对应的顶点是孤立点。

定义 5.14 设无环有向图 $D=\langle V,E\rangle$,其中 $V=\{v_1,v_2,\cdots,v_n\}$,$E=\{e_1,e_2,\cdots,e_m\}$,令

$$m_{ij}=\begin{cases}1 & v_i \text{ 为 } e_j \text{ 始点}\\ 0 & v_i \text{ 与 } e_j \text{ 不关联}\\ -1 & v_i \text{ 为 } e_j \text{ 终点}\end{cases}$$

则称 $(m_{ij})_{n\times m}$ 为 D 的**关联矩阵**,记为 $\boldsymbol{M}(D)$。

当 $n=4,m=6$ 时,如图 5.13 所示。

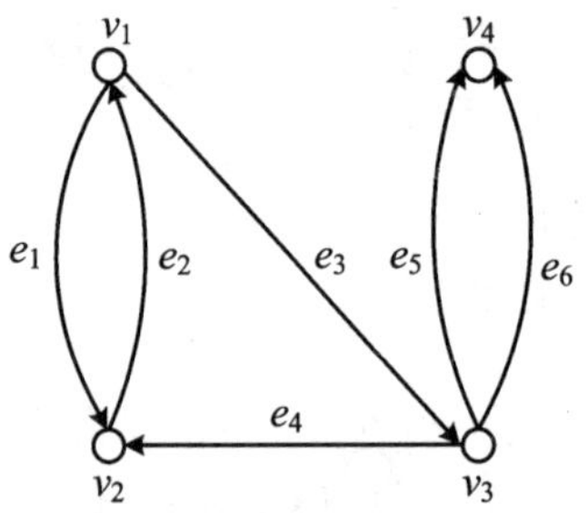

图 5.13

有向图 5.13 的关联矩阵为

$$\boldsymbol{M}(D)=\begin{bmatrix}1 & -1 & 1 & 0 & 0 & 0\\ -1 & 1 & 0 & -1 & 0 & 0\\ 0 & 0 & -1 & 1 & 1 & 1\\ 0 & 0 & 0 & 0 & 1 & 1\end{bmatrix}$$

有向图的关联矩阵与无向图的关联矩阵的性质类似:

(1) 每列恰有一个 1 与一个 −1。

(2) 第 i 行中的 1 的个数等于 v_i 的出度 $d^+(v_i)$,而 −1 的个数等于 v_i 的入度 $d^-(v_i)$。

(3) 关联矩阵中 1 的个数等于 −1 的个数,均为 m,即

$$\sum_{i=1}^{n}\sum_{j=1}^{m}(m_{ij}=1)=\sum_{i=1}^{n}\sum_{j=1}^{m}(m_{ij}=-1)=m$$

(4) 若两列相同,则它们对应的边为平行边。

5.3.2 邻接矩阵

定义 5.15 设有向图 $D=\langle V,E\rangle$,其中 $V=\{v_1,v_2,\cdots,v_n\}$,$|E|=m$,则称 $(a_{ij})_{n\times n}$ 为 D 的**邻接矩阵**,记作 $A(D)$,简记为 A,其中 a_{ij} 等于顶点 v_i 邻接到顶点 v_j 的边数。

当 $n=4$ 时,如图 5.14 所示。

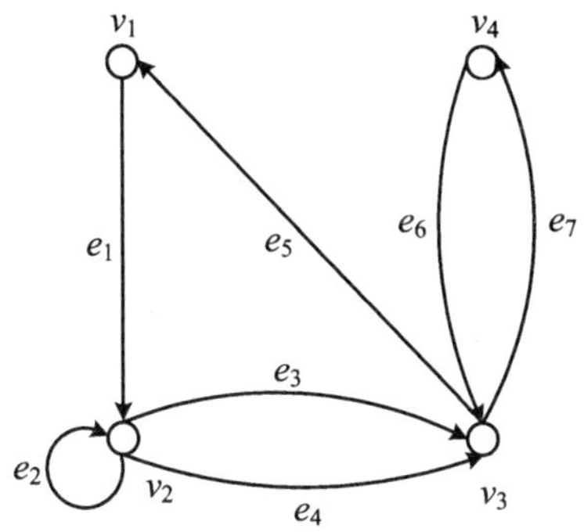

图 5.14

有向图 5.14 的邻接矩阵为

$$A(D)=\begin{bmatrix}0&1&0&0\\0&1&2&0\\1&0&0&1\\0&0&1&0\end{bmatrix}$$

有向图的邻接矩阵具有以下性质:

(1) 第 i 行元素之和为 v_i 的出度,即 $\sum_{j=1}^{n} a_{ij} = d^{+}(v_i)$。

(2) 第 j 列元素之和为 v_j 的入度,即 $\sum_{i=1}^{n} a_{ij} = d^{-}(v_j)$。

(3) 所有元素之和等于 m,即

$$\sum_{i=1}^{n}\sum_{j=1}^{m}(m_{ij}=1)=\sum_{i=1}^{n}\sum_{j=1}^{m}(m_{ij}=-1)=m$$

显然无向图 D 的邻接矩阵 $A(D)$ 表达的是该图中长度为 1 的通路,记作 $A(D)=(a_{ij}^{(l)})_{n\times n}$,下面给出长度为 l 的通路的性质定理。

定理 5.7 设 $A(D)$ 是有向图 D 的邻接矩阵,A 的 $l(l\geqslant 2)$ 次幂 $A^l=A^{l-1}\cdot A$ 中的元素 $a_{ij}^{(l)}$ 为 v_i 到 v_j 长为 l 的通路数,$a_{ii}^{(l)}$ 为过定点 v_i 长为 l 的回路数,$\sum_{i=1}^{n}\sum_{j=1}^{n} a_{ij}^{(l)}$ 为 D 中长度为 l 的通路总数,$\sum_{i=1}^{n} a_{ii}$ 为 D 中长度为 l 的回路总数。

可用数学归纳法证明之,这里从略。

若令 $B_r=A+A^2+\cdots+A^r=(b_{ij}^{(r)})_{m\times n}(r=1,2,3,\cdots)$,则 $b_{ij}^{(r)}$ 表示有向图 D 中 v_i 到 v_j 的长度小于等于 r 的通路数,$b_{ii}^{(r)}$ 为过定点 v_i 且长度小于等于 r 的回路数。

【例 5.6】 设有向图 D 如图 5.14 所示,则:

(1) D 中从 v_2 到 v_3 长为 4 的通路有多少条?

(2) D 中过顶点 v_2 且长为 3 的回路有多少条?

(3) D 中长为 4 的通路有多少条?

(4) D 中长小于等于 4 的通路共有多少条?

解 先构造有向图 D 的邻接矩阵及它的前 4 次幂和 $\boldsymbol{B}_1$、$\boldsymbol{B}_2$、$\boldsymbol{B}_3$、$\boldsymbol{B}_4$：

$$\boldsymbol{A}=\begin{bmatrix}0&1&0&0\\0&1&2&0\\1&0&0&1\\0&0&1&0\end{bmatrix}\quad \boldsymbol{A}^2=\begin{bmatrix}0&1&2&0\\2&1&2&2\\0&1&1&0\\1&0&0&1\end{bmatrix}$$

$$\boldsymbol{A}^3=\begin{bmatrix}2&1&2&2\\2&3&4&2\\1&1&2&1\\0&1&1&0\end{bmatrix}\quad \boldsymbol{A}^4=\begin{bmatrix}2&3&4&2\\4&5&8&4\\2&2&3&2\\1&1&2&1\end{bmatrix}$$

$$\boldsymbol{B}_2=\begin{bmatrix}0&2&2&0\\2&2&4&2\\1&1&1&1\\1&0&1&1\end{bmatrix}\quad \boldsymbol{B}_3=\begin{bmatrix}2&3&4&2\\4&5&8&4\\2&2&3&2\\1&1&2&1\end{bmatrix}\quad \boldsymbol{B}_4=\begin{bmatrix}4&6&8&4\\8&10&16&8\\4&4&6&4\\2&2&4&2\end{bmatrix}$$

观察可得：

(1) v_2到 v_3长为 4 的通路有 8 条。

(2) 过顶点 v_2且长为 3 的回路有 3 条。

(3) 长为 4 的通路有 46 条。

(4) 长度小于等于 4 的通路共有 92 条。

5.3.3 可达矩阵

定义 5.16 设有向图 $D=\langle V,E\rangle$，其中 $V=\{v_1,v_2,\cdots,v_n\}$，令：当 $i\neq j$ 时，$p_{ij}=\begin{cases}1, v_i\text{ 可达 } v_j\\0, v_i\text{ 不可达 } v_j\end{cases}$；当 $i=j$ 时，$p_{ii}=1$。则称$(p_{ij})_{n\times n}$为D 的**可达矩阵**，记作 $\boldsymbol{P}(D)$，简记为 $\boldsymbol{P}$。

可达矩阵的求法：由定理 5.2 可知，若 v_i可达v_j，则一定存在长度小于等于 $n-1$ 的通路，因此只需计算 $\boldsymbol{B}^{n-1}=\boldsymbol{A}+\boldsymbol{A}^2+\cdots+\boldsymbol{A}^{n-1}=(b_{ij}^{(n-1)})$，此时，当 $i\neq j$ 时，$p_{ij}=\begin{cases}1, b_{ij}^{(n-1)}\neq 0\\0, b_{ij}^{(n-1)}=0\end{cases}$；当 $i=j$ 时，$p_{ii}=1$。

由此可得图 5.14 的可达矩阵

$$\boldsymbol{P}=\begin{bmatrix}1&1&1&1\\1&1&1&1\\1&1&1&1\\1&1&1&1\end{bmatrix}$$

由此很容易得到可达矩阵的性质：

(1) $\boldsymbol{P}(D)$主对角线上的元素全为 1。

(2) D 是强连通的当且仅当$\boldsymbol{P}(D)$的元素全为 1。

5.4 最短路径和关键路径

现实生活中遇到的实际问题有时不能简单地抽象成顶点和边来建模，如运输网络图中除了公路（边）外，还涉及距离、油耗、流量和造价等，因此所建图除了有顶点集和边集外，每条边上还需要一个数值代表上述信息，这种每条边上都带有数值的图，称赋权图或带权图。应用中常常需要寻找某类具有最小（或最大）赋权的子图。其中之一就是最短路径问题。

5.4.1 最短路径

定义 5.17 给定图 $G=\langle V,E\rangle$（有向图或无向图），若对于每一条边 $e\in E$，均有一个非负实数 $W(e)$ 与之对应，则称 W 为 G 的**权函数**，且 G 为带权图，记作 $G=\langle V,E,W\rangle$。设 $G'\subseteq G$，称 $\sum_{e\in G'}w(e)$ 为 G' 的权，记为 $W(G')$。特别地，当 $P=e_1e_2\cdots e_k$ 是一条通路时，则称 $w(P)=\sum_{i=1}^{k}w(e_i)$ 为通路 P 的权或路长。

定义 5.18 设 $G=\langle V,E,W\rangle$ 为一带权图，u、$v\in V$，P 是 G 中连接 u 和 v 的一条通路，则称 $d(u,v)=\min\{w(P)\mid P: u\xrightarrow{*}u\}$ 为 u 到 v 的距离，连接 u、v 的权最小的通路 P 称为顶点 u、v 的**最短路径**。

最短路径问题：假设 $G=\langle V,E,W\rangle$ 是一带权连通图，从某给定的源点 $S\in V$ 出发，找出该顶点到 V 中其余顶点的最短路径。注意，这里仅指单源最短路径问题，计算机科学家迪杰斯特拉（Dijkstra）于 1959 年给出了一个有效的算法。

迪杰斯特拉算法：

(1) 初始时，令 $S=\{V_0\}$，$T=V-S=\{$其余顶点$\}$，T 中顶点对应的距离值 $d(v_i)$ 为：

① 若存在边 $e=(v_0,v_i)$ 或 $\langle v_0,v_i\rangle\in E$，$d(v_i)$ 为边 e 上的权值。

② 否则，$d(v_i)=\infty$。

(2) 从 T 中选取一个与 S 中顶点距离值最小的顶点 w，加入到 S 中。

(3) 对 T 中其余顶点的距离值进行修改：若加进 w 作中间顶点，从 v_0 到 v_i 的距离更短，则修改此距离值。

重复上述步骤(2)、(3)，直到 S 中包含所有顶点。

关于算法的正确性证明不再给出。

【例 5.7】 利用迪杰斯特拉算法求图 5.15 中 v_0 到其余顶点的最短路径及距离。

解 (1) 令 $S=\{v_0\}$，$T=V-S=\{v_1,v_2,v_3,v_4,v_5\}$，$d(v_1)=1$，$d(v_2)=4$，其他均为 ∞。

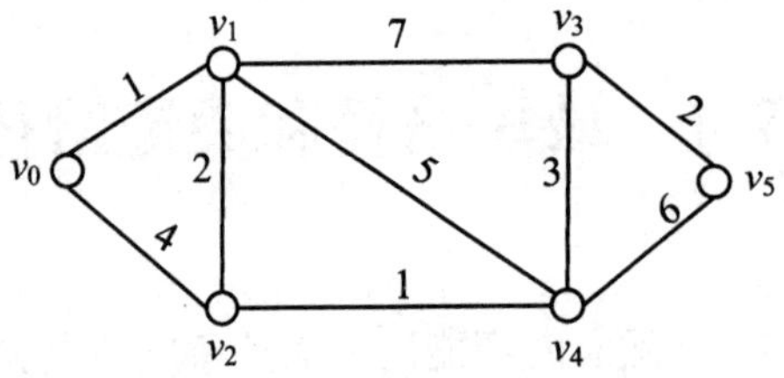

图 5.15

(2) 选择一个具最小距离的顶点 w,加入 s 中。选择 $w = v_1$,调整 $S=\{v_0, v_1\}$, $T=\{v_2, v_3, v_4, v_5\}$。

(3) 对 T 中顶点的距离值进行修改:

$$d(v_2) = \min(4, d(v_1)+2) = \min(4, 1+2) = 3$$
$$d(v_3) = \min(\infty, d(v_1)+7) = \min(\infty, 1+7) = 8$$
$$d(v_4) = \min(\infty, d(v_1)+5) = \min(\infty, 1+5) = 6$$
$$d(v_5) = \min(\infty, \infty) = \infty$$

选择 $w = v_2$,调整 $S=\{v_0, v_1, v_2\}$, $T=\{v_3, v_4, v_5\}$。

(4)

$$d(v_3) = \min(8, \infty) = 8$$
$$d(v_4) = \min(6, d(v_2)+1) = \min(6, 3+1) = 4$$
$$d(v_5) = \min(\infty, \infty) = \infty$$

选择 $w = v_4$,调整 $S=\{v_0, v_1, v_2, v_4\}$, $T=\{v_3, v_5\}$。

(5)

$$d(v_3) = \min(8, d(v_4)+3) = \min(8, 4+3) = 7$$
$$d(v_5) = \min(\infty, d(v_4)+6) = \min(\infty, 4+6) = 10$$

选择 $w = v_3$,调整 $S=\{v_0, v_1, v_2, v_4, v_3\}$, $T=\{v_5\}$。

(6)

$$d(v_5) = \min(10, d(v_3)+2) = \min(\infty, 7+2) = 9$$

选择 $w = v_5$,调整 $S=\{v_0, v_1, v_2, v_4, v_5\}$, $T=\Phi$,算法终止。

该算法的步骤也可以通过表格(表 5.1)完成。

表 5.1 求解最短路径及距离

v_0到其余顶点的最短路径及距离				
1 $(v_0 v_1)$				
4 $(v_0 v_2)$	3 $(v_0 v_1 v_2)$			
∞ $(v_0 v_3)$	8 $(v_0 v_1 v_3)$	8 $(v_0 v_1 v_3)$	7 $(v_0 v_1 v_2 v_4 v_3)$	

续表

v_0到其余顶点的最短路径及距离				
∞ ($v_0 v_4$)	6 ($v_0 v_1 v_4$)	4 ($v_0 v_1 v_2 v_4$)		
∞ ($v_0 v_5$)	∞ ($v_0 v_5$)	∞ ($v_0 v_5$)	10 ($v_0 v_1 v_2 v_4 v_5$)	9 ($v_0 v_1 v_2 v_4 v_3 v_5$)
v_1	v_2	v_4	v_3	v_5

由表 5.1 可知：

(1) v_0到 v_1的最短路径为 $v_0 v_1$，距离为 1。

(2) v_0到 v_2的最短路径为 $v_0 v_1 v_2$，距离为 3。

(3) v_0到 v_3的最短路径为 $v_0 v_1 v_2 v_4 v_3$，距离为 7。

(4) v_0到 v_4的最短路径为 $v_0 v_1 v_2 v_4$，距离为 4。

(5) v_0到 v_5的最短路径为 $v_0 v_1 v_2 v_4 v_3 v_5$，距离为 9。

5.4.2 关键路径

在现代项目管理和实施中经常用到另一种有向赋权图，称为计划评审图(PERT)。它描绘出项目包含的各项活动的先后次序，标明每项活动的时间或相关的成本，进而协调整个计划的各道工序，以合理安排人力、物力、时间、资金，加速计划的完成。

定义 5.19 设 D 是一个 n 阶有向简单带权图，若满足：

(1) D 中无回路。

(2) 仅有一个入度为 0 的顶点 v_1(称为始点)和一个出度为 0 的顶点 v_n(称为终点)。

(3) 记边$\langle v_i, v_j\rangle$带的权为 w_{ij}，它常表示时间。

则称 D 是 **PERT 图**。

图 5.16 就是一个 PERT 图，边代表活动，权值表示活动的持续时间，顶点称作事件或状态。

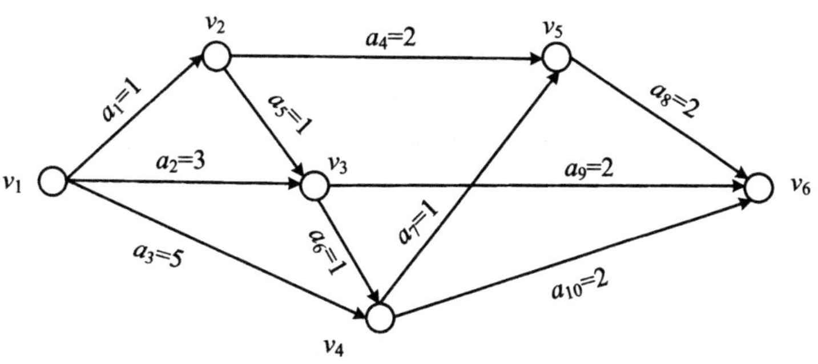

图 5.16 关键路径和关键活动

定义 5.20 自始点到终点的一条最长路径(按权计)称为 PERT 图的**关键路径**。处在关键路径上的边称为**关键活动**。

观察图 5.16,通路 $v_1v_4v_5v_6$是一条最长路径,所以是关键路径。现在思考一下工程进度最早到达顶点 v_4的时间,考虑到要保证前期 a_1、a_2、a_3、a_5、a_6五项活动都要完工后才能启动后期活动,所以在计算时间时应在所有 v_1到 v_4通路上选择最长的那条,其权值代表着前面五项活动全部结束时的最早完工时间,定义为顶点 v_4的最早完成时间,当然它也是后续活动 a_7、a_{10}的最早开工时间。有时候这个最早完成时间可能因前期的某个活动启动稍晚而顺延两天也不会影响总工期,问题是最迟到什么时候呢?显然这个最迟完成时间一定要确保后期 a_7、a_8、a_{10}三项活动都能如期完成才行。注意这个最迟完成时间也是后续活动 a_7、a_{10}的最晚开工时间。

1. 最早完成时间

自始点 v_1开始,沿最长路径(按权计)到达 v_i,其权值为 v_i的最早完成时间,记作 $TE(v_i)$。终点 v_n的最早完成时间 $TE(v_n)$就是到达 v_n的最长路径的权值。

如图 5.17(a)所示,假设 $TE(v_m)$、$TE(v_n)$和 $TE(v_p)$均已知,顶点 v_i的最早完成时间应该是 a、b、c 三项活动都完成时,三个时间最靠后的那个,所以

$$TE(v_i) = \max\{TE(v_m)+5, TE(v_n)+6, TE(v_p)+7\} = 11$$

2. 最迟完成时间

在保证终点 v_n的最早完成时间不推迟的条件下,自 v_1最迟到达 v_i的时刻称为 v_i的最迟完成时间,记作 $TL(v_i)$。显然终点 v_n的 $TL(v_n) = TE(v_n)$。

如图 5.17(b)所示,假设 $TL(v_m)$、$TL(v_n)$和 $TL(v_p)$均已知,顶点 v_i的最迟完成时间应该是保证 d、e、f 三项活动都能如期完成的三个时间中最靠前的那个,所以

$$TL(v_i) = \min\{TL(v_m)-7, TL(v_n)-6, TL(v_p)-5\} = 5$$

否则,若 $TL(v_i)=7$,不能保证 v_m的最迟完成时间。

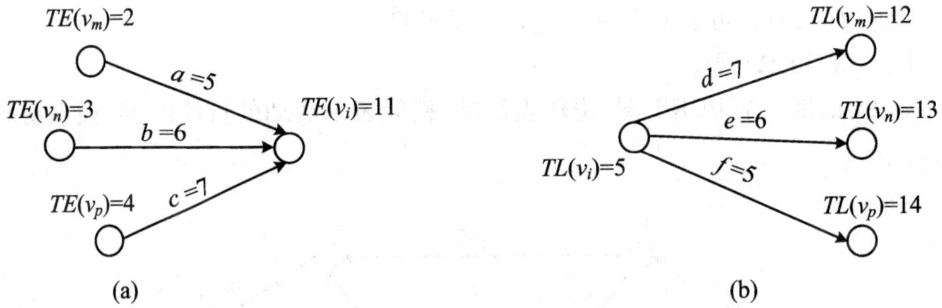

图 5.17　最早完成时间和最迟完成时间

3. 缓冲时间

顶点 v_i的缓冲时间 $TS(v_i) = TL(v_i) - TE(v_i)$。由关键路径的定义可知,$TS(v_i)=0$ 当且仅当 v_i在关键路径上。

【例 5.8】 求图 5.16 所示的 PERT 图的关键路径。

解 (1) 计算各点的最早完成时间:

$$TE(v_1) = 0$$

$$TE(v_2) = \max\{TE(v_1)+1\} = \max\{0+1\} = 1$$

$TE(v_3) = \max\{TE(v_1)+3, TE(v_2)+1\} = \max\{0+3, 1+1\} = 3$

$TE(v_4) = \max\{TE(v_1)+5, TE(v_3)+1\} = \max\{0+5, 3+1\} = 5$

$TE(v_5) = \max\{TE(v_2)+2, TE(v_4)+1\} = \max\{1+2, 5+1\} = 6$

$TE(v_6) = \max\{TE(v_5)+2, TE(v_4)+2\} = \max\{6+2, 5+2\} = 8$

(2) 计算各点的最迟完成时间：

$TL(v_6) = TE(v_6) = 8$

$TL(v_5) = \min\{TL(v_6)-2\} = \min\{8-2\} = 6$

$TL(v_4) = \min\{TL(v_5)-1, TL(v_6)-2\} = \min\{6-1, 8-2\} = 5$

$TL(v_3) = \min\{TL(v_4)-1, TL(v_6)-2\} = \min\{5-1, 8-2\} = 4$

$TL(v_2) = \min\{TL(v_3)-1, TL(v_5)-2\} = \min\{4-1, 6-2\} = 3$

$TL(v_1) = \min\{TL(v_2)-1, TL(v_3)-3, TL(v_4)-5\}$

$= \min\{3-1, 4-3, 5-5\} = 0$

(3) 计算各点的缓冲时间：

$$TS(v_1) = TL(v_1) - TE(v_1) = 0$$

$$TS(v_2) = TL(v_2) - TE(v_2) = 3-2 = 1$$

$$TS(v_3) = TL(v_3) - TE(v_3) = 4-3 = 1$$

$$TS(v_4) = TL(v_4) - TE(v_4) = 5-5 = 0$$

$$TS(v_5) = TL(v_5) - TE(v_5) = 6-6 = 0$$

$$TS(v_6) = TL(v_6) - TE(v_6) = 8-8 = 0$$

综上所述，关键路径为 $v_1v_4v_5v_6$，其中 a_3、a_7、a_8 为关键活动。

习　题　5

1. 下列各组数中，哪些能构成无向图的顶点度数序列，哪些能构成无向简单图的顶点度数序列？

(1) 1,1,1,2,3。

(2) 2,2,2,2,2。

(3) 3,3,3,3。

(4) 1,2,3,4,5。

(5) 1,3,3,3

2. 设图 G 有 6 条边，度为 3 和度为 5 的顶点各有 1 个，其余的都是度为 2 的顶点，问 G 中有几个顶点？

3. 设图 G 有 10 条边，度为 3 和度为 4 的顶点各有 2 个，其余顶点的度均小于 3，问 G 中至少有几个顶点？在最少顶点的情况下，写出 G 的度数序列、$\Delta(G)$ 和 $\delta(G)$。

4. 设 9 阶图 G 中，每个顶点的度不是 5 就是 6，证明 G 中至少有 5 个度为 6 的顶点或者至少有 6 个度为 5 的顶点。

5. 设 n 阶无向图 G 有 m 条边，其中 n_k 个结点的度为 k，其余结点的度为 $k+1$，证明 $n_k = (k+1)n - 2m$。

6. 给出图 5.18 中每个图的一个生成子图和一个有 3 个顶点的导出子图。

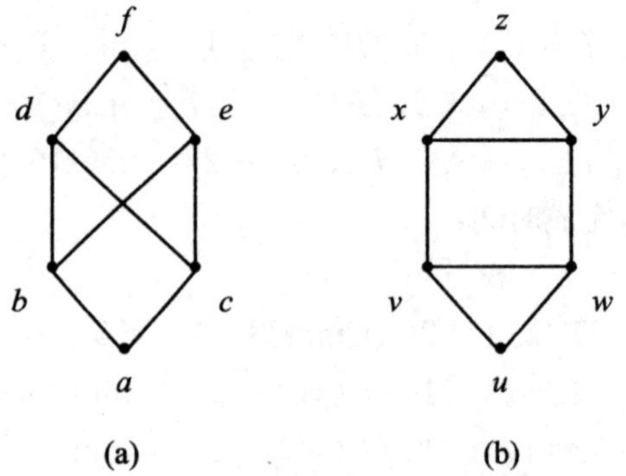

图 5.18

7. 求图 5.19 中各个图的所有割点、割边和割集。

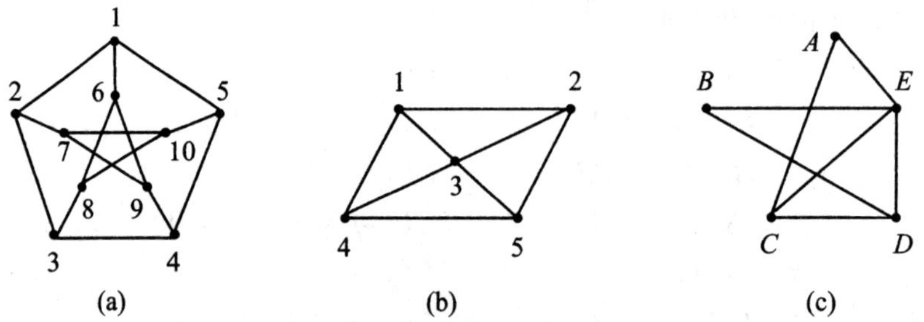

图 5.19

8. 图 5.20 中的两个图是否同构？说明理由。

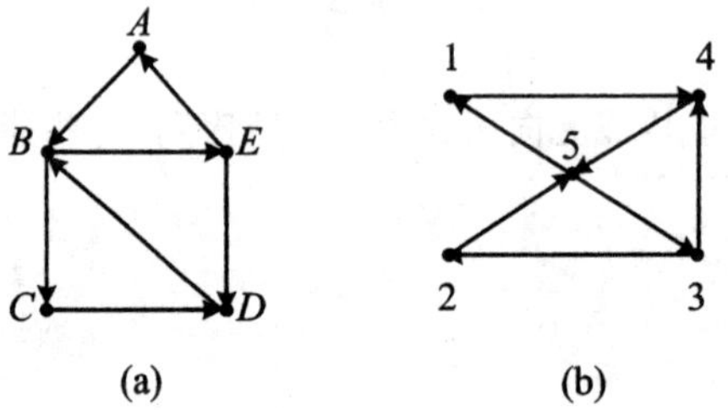

图 5.20

9. 如图 5.21 所示，求有向图 G 从顶点 v_1 到 v_3 长度为 2 和 3 的通路的数目，以及所有长度为 2 和 3 的通路数目。

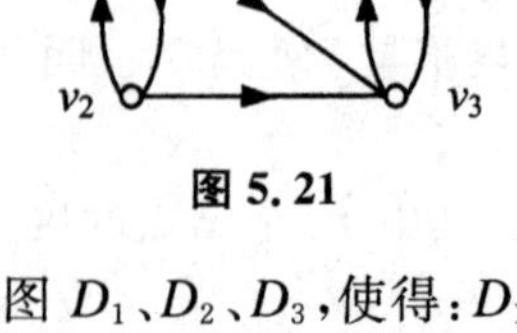

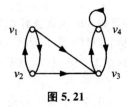

图 5.21

10. 试寻找 3 个 4 阶有向简单图 D_1、D_2、D_3，使得：D_1 为强连通图；D_2 为单向连通图，但不是强连通图；D_3 是弱连通图，但不是单向连通图，更不是强连通图。

11. 如图 5.22 所示，写出图 G 中(a)、(b)、(c)的邻接矩阵。

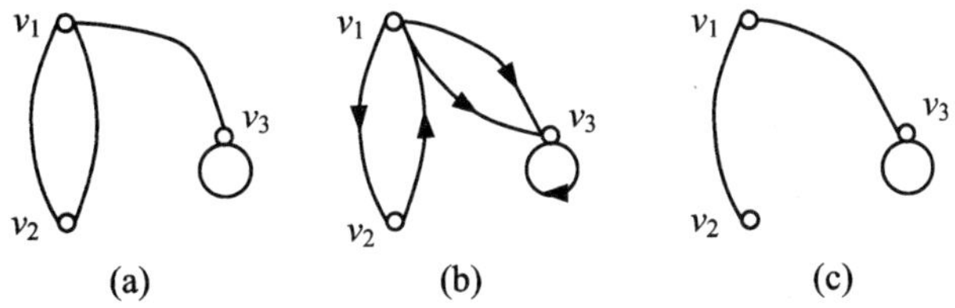

图 5.22

12. 如图 5.23 所示，求有向图 D 的可达矩阵 $\boldsymbol{P}$。

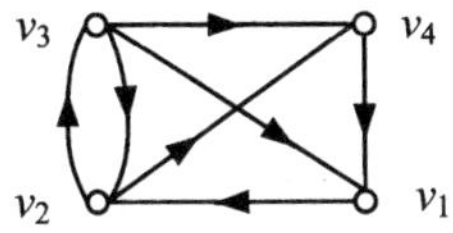

图 5.23　有向图 D

13. 求图 5.24 中结点 V 到其余各个结点的最短路径。

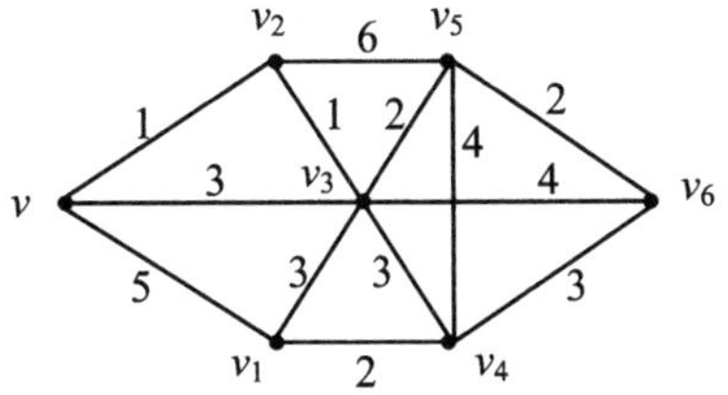

图 5.24

14. 求图 5.25 中顶点 V_0 到 V_5 的最短路径。

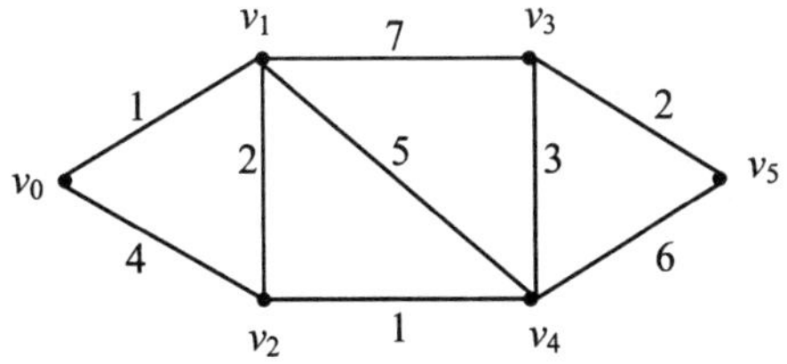

图 5.25

15. 某工程项目有 13 个工序，工序之间的关系和完成时间如表 5.2 所示：

表 5.2

工序	A	B	C	D	E	F	G	H	I	J	K	L	M
紧前工序	–	–	–	A	A、B	A、B	A、B	C、G	D、E、F	D、E	D、E	H、J	I、L
时间(天)	3	2	4	4	4	4	2	5	3	3	6	1	1

(1) 画出 PERT 图。

(2) 求各工序的最早开始时间、最早完成时间、最晚开始时间、最晚完成时间和缓冲时间。

(3) 求关键路径、关键工序及项目的工期。

第6章 特 殊 图

结合图论基础知识，本章进一步介绍一些常用特殊图类，如树、欧拉图、哈密顿图等。除讨论每种图类的本质特征外，还结合一些实际问题来阐明图论的广泛应用性。

6.1 树与有向树

树是图论中最简单最基本的一个图类。弄清树的性质对图论的进一步研究具有基本意义。树在许多领域特别是在计算机学科中有着广泛的应用。

6.1.1 无向树

定义 6.1 连通且不含回路的无向图称为**无向树**，简称**树**，记作 T。称树中度为 1 的顶点为树叶，称度大于 1 的顶点为分支点或内点。

平凡图称为平凡树。若非连通无向图的每一连通分支都是树，则称其为**森林**。

如图 6.1 所示，(a)～(c)都是无向图，(d)是森林。

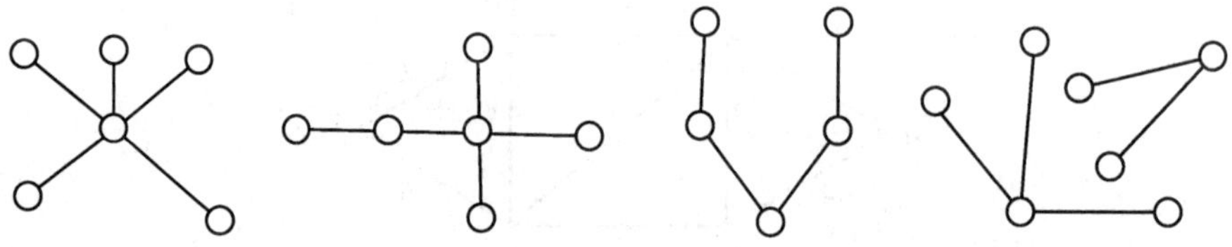

(a) (b) (c) (d)

图 6.1 树与森林

树可以有很多等价的定义，以下定理中的各命题都体现了树的特征。

定理 6.1 设 $T=\langle V,E\rangle$是一无向图，$|V|=n$，$|E|=m$，则以下命题是等价的，都可以作为树的定义：

(1) T 是树。

(2) T 的每对顶点之间有唯一的一条路。

(3) T 连通且 $m=n-1$。

(4) T 无回路且 $m=n-1$。

(5) T 无回路，但在 T 的任何一个顶点对上加一新边后产生回路。

(6) T 连通,但删去任何一边后不再连通。

证明从略。其中连通、无回路和 $m=n-1$ 是树的 3 个重要性质。

6.1.2 最小生成树

定理 6.2 若 T 是无向图 G 的生成子图且又是无向树,则称 T 是无向图 G 的一棵**生成树**。若对于任意边 $e \in E(G)$,都有 $e \in E(T)$,则称 e 为 T 的树枝,否则称 e 为 T 的弦。即 G 在 T 中的边称为 T 的树枝,不在 T 中的边称为 T 的弦。T 中所有弦的集合在 G 中的导出子图称为 T 的**余树**,记作 $\overline{T}$。

注意余树未必是树。

定理 6.3 无向图 G 具有生成树当且仅当图是连通的。

证明:必要性显然。下面使用构造法证明充分性。

若 G 中本无回路,则 G 为树,当然 G 为自己的生成树。若 G 中含回路,任取一个回路 c,删除 c 上任何一条边,所得图仍然是连通的。重复这一过程,直到得到的图无回路为止。记最后得到的图为 T,则 T 连通、无回路且是 G 的生成子图,即为图 G 的生成树。

由定理 6.3 可得以下两个推论:

推论 6.1 n 阶无向连通图至少有 $n-1$ 条边。

推论 6.2 设 n 阶无向连通图有 m 条边,则它的任何一棵余树都有 $m-n+1$ 条边。

【例 6.1】 无向连通图如图 6.2 所示,构造它的一棵生成树。采用定理 6.3 中使用的构造生成树法(也称避圈法或破圈法)。如图 6.2(a)～(d)所示,只要存在回路就删除回路中的任意边,重复这一过程,共删除 $7-4=3$ 条边。

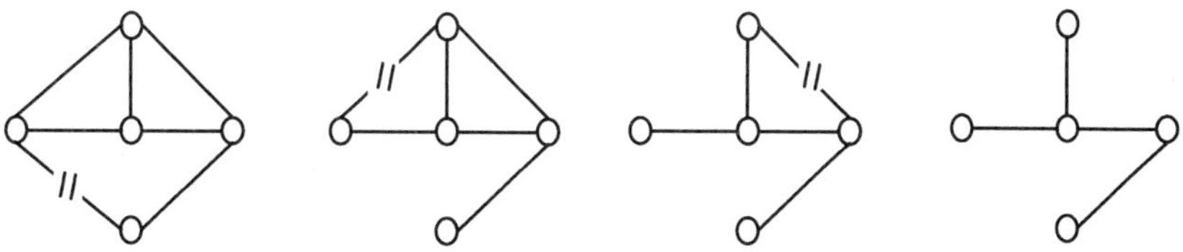

(a) (b) (c) (d)

图 6.2 生成树

定义 6.2 在无向连通带权图 G 中,一棵生成树所有树枝上权的总和称为该生成树的权。具有最小权的生成树称为 G 的最小树。

许多实际问题常常化为求无向连通带权图中的最小生成树问题,1958 年克鲁斯卡尔(Kruskal)推广了在无向连通图中求生成树的避圈法,给出了在无向连通带权图中求最小生成树的算法。

克鲁斯卡尔算法:

设无向连通带权图 $G=\langle V,E,W\rangle$,其中 $|V|=n$,$|E|=m$,待构造的最小生成树记为 T。先将无环边按权值的递增顺序排列成 e_1、e_2、…、e_m。

(1) 选取 $e_1 \in T$。

(2) 检查 e_2，若 e_2 与 e_1 不构成回路，则将 e_2 加入 T 中，否则舍弃 e_2。

(3) 检查 e_3

……

重复进行直到找出 e_1、e_2、e_3、…、e_{n-1}。关于算法的正确性证明从略。

【例 6.2】 求图 6.3(a)的最小生成树。

解 利用克鲁斯卡尔算法，所求得的最小生成树见图 6.3(b)，$w(T)=15$。注意最小生成树不是唯一的，但权值一定相等。

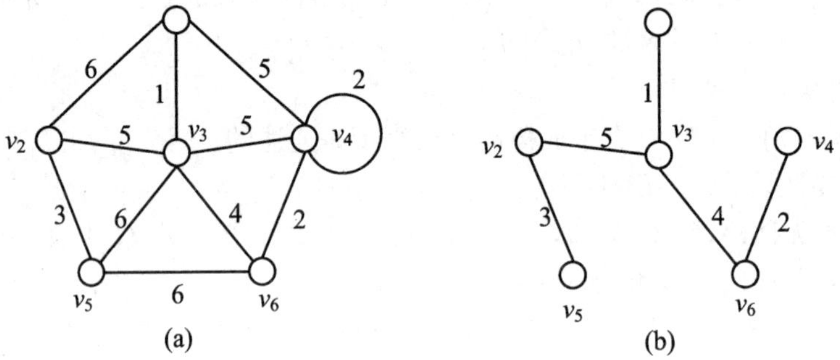

图 6.3 最小生成树

6.1.3 有向树

若有向图 D 的基图是无向树，则称 D 为有向树，也常用 T 表示有向树。在所有的有向树中，最重要的是根树。

定义 6.3 若有向树 T 是平凡树或 T 中有一个顶点的入度为 0，其余顶点的入度均为 1，则称 T 为**根树**。入度为 0 的顶点称为**树根**，入度为 1 出度为 0 的顶点称为**树叶**，入度为 1 出度不为 0 的顶点称为**内点**，内点和树根统称为**分支点**。从树根到 T 的任意一顶点 v 的通路长度称为 v 的**层数**，最大层数称为**树高**。

在根树中，由于各有向边的方向具有一致性，因而画根树时，通常省掉有向边的箭头，并将树根置于最上方，图 6.4(a)、(b)表示同一棵高为 3 的根树，最上方顶点是它的树根，有 4 片树叶，4 个分支点，其中有 3 个是内点。

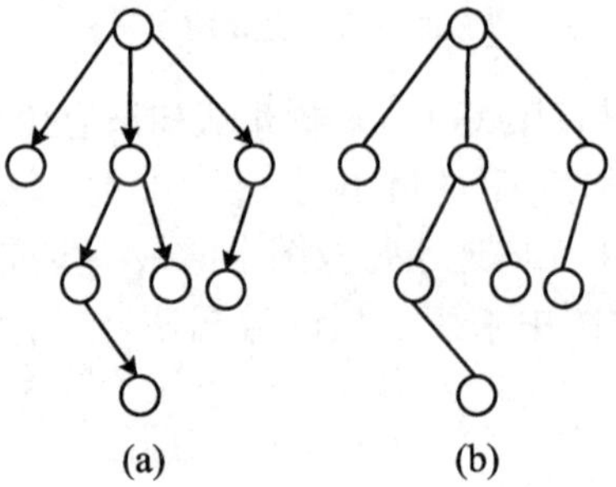

图 6.4 根树图例

也可把根树看作一棵**家族树**：

(1) 若顶点 a 邻接顶点 b，则称 b 是 a 的儿子，a 是 b 的**父亲**。

(2) 若 b 和 c 为同一个顶点的儿子，则称 b 和 c 是**兄弟**。

(3) 若 $a \neq b$ 且 a 可达 b，则称 a 是 b 的**祖先**，b 是 a 的**后代**。

定义 6.4 设 T 是一棵根树：

(1) 若对根树同层顶点规定次序，则称 T 为有序树。

(2) 若根树的每个分支点至多有 r 个儿子，则称 T 为 r 元树。

(3) 若根树的每个分支点恰有 r 个儿子，则称 T 为 r 元正则树。

(4) 若 T 是树叶层数相同的 r 元正则树，则称 T 为 r 元完全正则树。

同样可定义 r 元有序树、r 元正则有序树和 r 元完全正则有序树。

图 6.5(a)为三元树，图 6.5(b)为二元正则树，图 6.5(c)为二元完全正则树。

二元树，又称 2 叉树(或二叉树)，在数据结构中占重要地位。

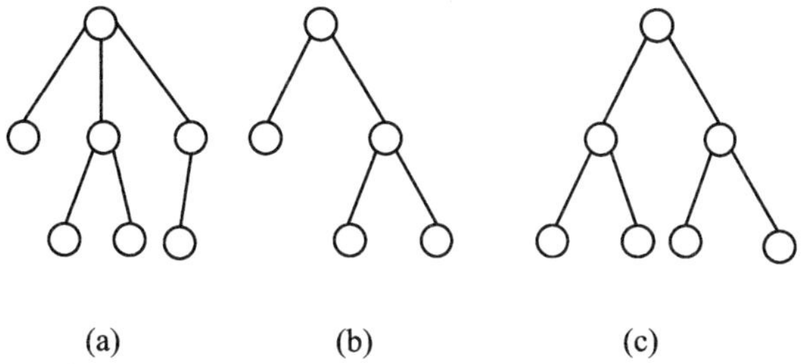

图 6.5

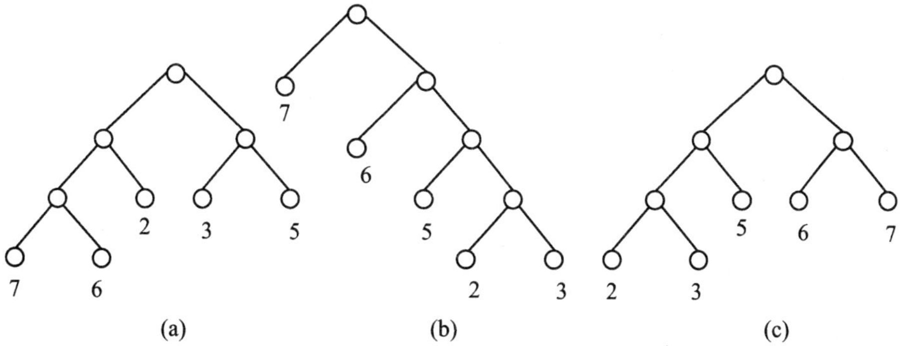

图 6.6

6.1.4 最优二元树

定义 6.5 设二元树 T 有 t 片树叶 v_1、v_2、…、v_t，权分别为 w_1、w_2、…、w_t，则称 $\sum_{i=1}^{t} w_i l(v_i)$ 为 T 的带权路径长度，记作 $W(T)$，其中 $l(v_i)$ 是 v_i 的层数。在所有有 t 片树叶，带权为 w_1、w_2、…、w_t 的 二元树中，权最小的二元树称为**最优二元树**。

图 6.6(a)～(c)中三棵带权二元树的带权路径长度分别为

$$W(T_a) = 2 \times 2 + 3 \times 2 + 5 \times 2 + 7 \times 3 + 6 \times 3 = 59$$

$$W(T_b) = 7\times 1 + 6\times 2 + 5\times 3 + 2\times 4 + 3\times 4 = 54$$

$$W(T_c) = 5\times 2 + 6\times 2 + 7\times 2 + 2\times 3 + 3\times 3 = 51$$

下面介绍求最优二元树的哈夫曼(Huffman)算法,有时我们也称最优二元树为哈夫曼树。

哈夫曼算法:

给定实数 w_1、w_2、…、w_t:

(1) 作 t 片树叶，分别以 w_1、w_2、…、w_t 为权。

(2) 从所有入度为 0 的顶点(不一定是树叶)中选出两个权最小的顶点，添加一个新分支点，以这 2 个顶点为儿子，其权等于这 2 个儿子的权之和。

(3) 重复(2),直到构造出一棵树。

$W(T)$等于所有分支点的权之和(想想为什么)。

【例 6.3】 求带权为 2、3、5、6、7 的最优树。

解 图 6.7 给出了利用哈夫曼算法求解最优二元树的计算过程。图 6.7(e)为最优二元树,且

$$W(T) = 5 + 10 + 13 + 23 = 51$$

由定义可知,处在同层上的顶点可交换位置,所以最优二元树是不唯一的。

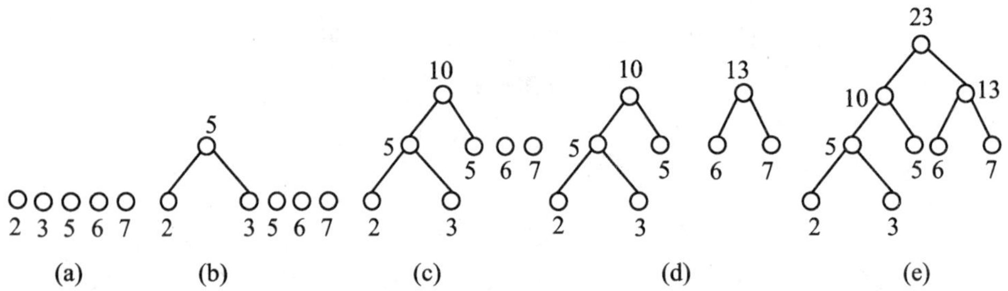

图 6.7

6.1.5 最佳前缀码

在计算机和通信领域数字和字符必须被编码成二进制串后才能通过通信介质传输。通常采用等长的编码方案,其优点是便于编码和解码。但这种编码并没有考虑到文本中字符的词频等统计信息,常常是低效的。高效的编码采用变长方案,词频高的字符采用短编码,词频低的字符采用长编码,这样可大大缩短电文长度,减轻发送方的工作量,然而不合理的变长编码设计方案有可能给接收方的解码工作带来困难。

定义 6.6 设 $\beta=\alpha_1\alpha_2\cdots\alpha_n$ 是长度为 n 的字符串,称其子串 $\alpha_1\alpha_2\cdots\alpha_j(1\leqslant j\leqslant n-1)$为 α 的前缀。

设 $B=\{\beta_1,\beta_2,\cdots,\beta_m\}$,若对于$\forall i\neq j$,$\beta_i$ 与 β_j 互不为前缀,则称集合 B 为前缀码。只有 2 个符号(例如 0、1)的前缀码称二元前缀码。

例如,{0,10,110,1111}、{1,01,001,0000}等都是前缀码,而{1,11,101,001,0011}不是前缀码。

如何产生二元前缀码？下面给出定理。

定理 6.4 一棵二元树产生二元前缀码。

可采用构造法证明之。

如图 6.8 所示，对于每个分支点，若关联 2 条边，则在左边标 0，在右边标 1；若只关联 1 条边，则可以给它标 0(看作左边)，也可以给它标 1(看作右边)。将从树根到每一片树叶的通路上标的数字组成的字符串记在树叶处，所得的字符串构成一个前缀码。因此集合{00,11,010,0110,0111}是图 6.8 生成的前缀码。

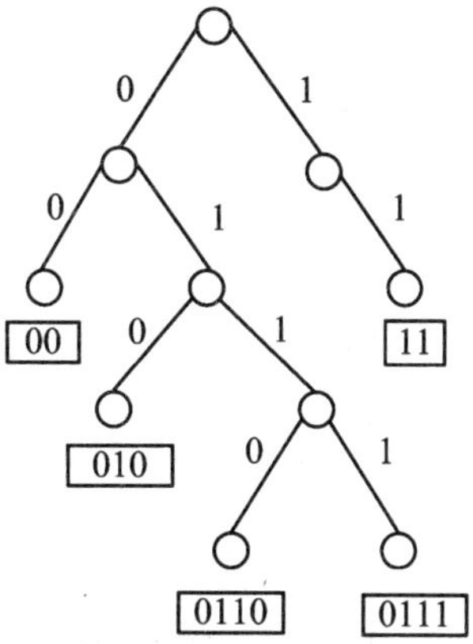

图 6.8

当通信系统要传输按着一定比例出现的符号串时，称传输电文期望长度最短时所采用的二元前缀码为**最佳前缀码**。可以证明，由最优二元树所构造的二元前缀码就是最佳前缀码。

【例 6.4】 在通信中，设八进制数字出现的频率如表 6.1 所示。

表 6.1

数字	0	1	2	3	4	5	6	7
字频	25%	20%	15%	10%	10%	10%	5%	5%

(1) 试构造传输电文的最佳前缀码。

(2) 若一篇此类报文含有 10000 个八进制数码，采用 3 位等长二进制编码，电文长度是多少个二进制数字？

解 先用哈夫曼算法求以频率(乘以 100)为权的最优二元树。这里 $w_1=5$，$w_2=5$，$w_3=10$，$w_4=10$，$w_5=10$，$w_6=15$，$w_7=20$，$w_8=25$。

(1) 八进制数字及对应的最佳前缀码(图 6.9)如下：

$$0\mapsto 01,\quad 2\mapsto 001,\quad 4\mapsto 101,\quad 6\mapsto 00000$$

$$1\mapsto 11,\quad 3\mapsto 100,\quad 5\mapsto 0001,\quad 7\mapsto 00001$$

说明一点：具有等长的码字(同层的叶子顶点)或频率相同的数字，它们的编码可相互交换，如 0 和 1、6 和 7、3 和 4(和 5)等。

(2) 采用 3 位等长编码，整个电文长度是 $3\times 10000=30000$ 个二进制数字；采用最佳前缀码时，

$$W(T) = 100 + 60 + 40 + 35 + 20 + 20 + 10 = 285$$

所以每传输100个八进制数字需285个二进制数字，考虑到共传送10000个这样的数字，相比第一种方案电文总长度减少1500个二进制数字。

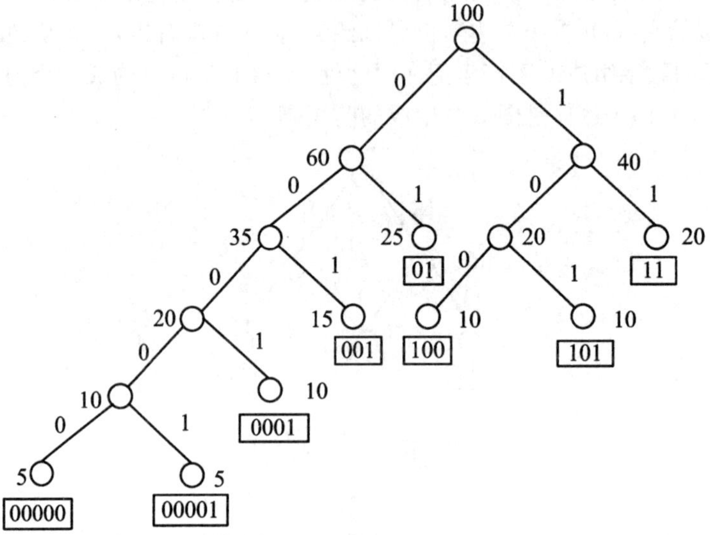

图 6.9 最佳前缀码

6.1.6 树的遍历

定义 6.7 设 v 为根树的一个顶点且不是树根，则称 v 及其所有后代的导出子图为以 v 为根的**(根)子树**。

例如，图6.10的根树，顶点 a 的整个左侧是以 b 为根的子树；a 的整个右侧是以 g 为根的子树；等等。

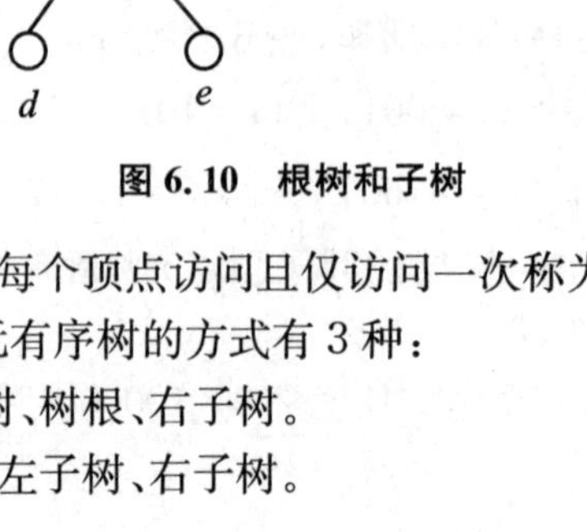

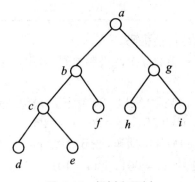

图 6.10 根树和子树

定义 6.8 对根树 T 的每个顶点访问且仅访问一次称为对根树 T 的**遍历**。

以树根为参照，遍历二元有序树的方式有3种：

(1) 中序行遍法：左子树、树根、右子树。

(2) 先序行遍法：树根、左子树、右子树。

(3) 后序行遍法：左子树、右子树、树根。

例如，对于图 6.10，中序遍历的访问次序是

$$((dce)bf)a(hgi)$$

先序遍历的访问次序是

$$a(b(cde)f)(ghi)$$

后序遍历的访问次序是

$$((dec)fb)(hig)a$$

可以用二元有序正则树表示数学运算式：根据运算的优先次序依次将运算符放在分支点上，将其中层次最高的运算符放在树根上，其他根据运算次序放在根子树的根上，数字与变量放在树叶上。对于不满足交换律的运算（如被除数、被减数），按规定放在左子树树叶上。

例如，图 6.11 表示的数学运算式

$$((b+(c-d))*a)\div((e*f)-(g+h)*(i*j))$$

中序遍历的访问结果是

$$((b+(c-d))*a\div((e*f)-(g+h)*(i*j))$$

先序遍历的访问结果是

$$\div(*(+b(-cd))a)(-(*ef)(*(+gh)(*ij)))$$

后序遍历的访问结果是

$$((b(cd-)+)a*)((ef*)((gh+)(ij*)*)-)\div$$

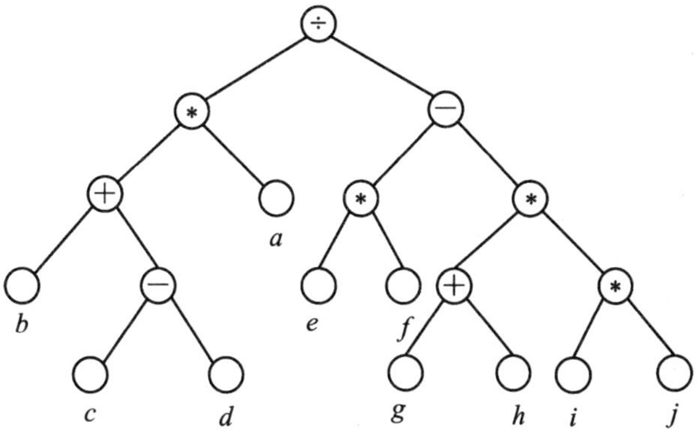

图 6.11　算式的二元树表示

在一个数学表达式中，人们为了优先处理某个运算而添加括号，然而随着括号的多层嵌套，计算机很难处理这种数学运算式，为此人们引入了波兰式和逆波兰式的概念。

波兰式（前缀符号法）：按先序遍历法访问表示算式的二元有序正则树，去除其结果的括号后得到的表达式。运算法则是每个运算符号与其后紧邻的两个数进行运算。

逆波兰式（后缀符号法）：按后序遍历法访问，去除其结果的括号后得到的表达式。运算法则是每个运算符与前面紧邻的两个数运算。

例如，图 6.11 先序遍历的结果对应的波兰式为

$$\div * + b - cda - * ef * + gh * ij$$

计算方法：

$$\div * + b - cda - * ef * + gh\ \underline{* ij}$$
$$\div * + b - cda - * ef * + \underline{gh\ \bullet}$$
$$\div * + b - cda - * ef\ \underline{* \bullet\bullet}$$
……

图 6.11 后序遍历的结果对应的逆波兰式为

$$bcd -+ a * ef * gh + ij * * -\div$$

计算方法：

$$b\underline{cd\ -}+ a * ef * gh + ij * * -\div$$
$$\underline{b \bullet +}\ a * ef * gh + ij * * -\div$$
$$\underline{\bullet\ a\ *}\ ef * gh + ij * * -\div$$
……

6.2 欧 拉 图

回到第 5 章提到的困扰哥尼斯堡(Königsberg)居民的七桥问题，如图 6.12 中(a)所示。欧拉把七桥问题化成了一个图论问题：把 4 块陆地抽象成图的 4 个顶点 A、B、C、D，若两块陆地之间有桥则连一条边，如图 6.12(b)所示。确定七桥问题是否有解相当于确定(b)图中是否存在经过图中每条边一次且仅一次的回路。欧拉证明了这样的回路是不存在的，从而得出哥尼斯堡七桥问题无解的正确结论。那么什么样的连通图才存在经过每条边一次且仅一次的回路呢？下面讨论这个问题。

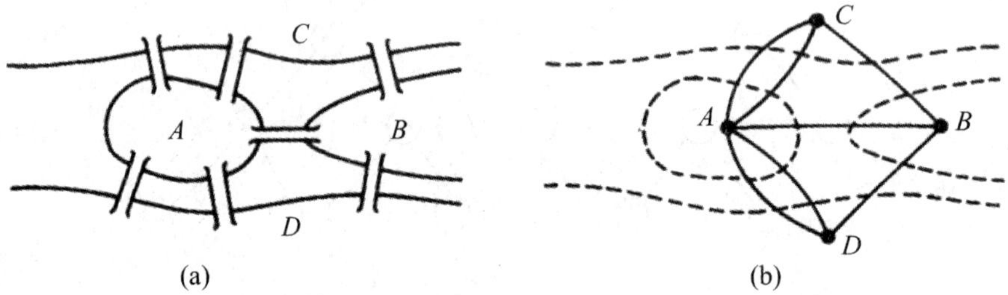

图 6.12　哥尼斯堡七桥问题

定义 6.9　经过图(无向图或有向图)每边一次且仅一次的通路(回路)称为**欧拉通路(回路)**。存在欧拉回路的图称为**欧拉图**。

下面给出是否存在欧拉通路(回路)的判定定理。

定理 6.5　无向图 G 是欧拉图当且仅当 G 是连通的且每一顶点的度都是偶数。

充分性的证明思路：如图 6.13(a)，先构造一条简单回路 C_1。若 C_1 包含图 G 所有边，则 C_1 就是欧拉回路，G 是欧拉图；否则删除回路 C_1，构造简单回路 C_2，如图(b)。如此下去，将图 G 分解成若干个边集不交的简单回路。合并这些边不重复的简单回路，即可构造欧拉回路。证明从略。

推论 6.3 无向图 G 有欧拉通路当且仅当 G 是连通的且恰有两个奇度顶点，而且这两个奇度顶点是欧拉通路的两个端点。

证明思路：在两个奇度顶点之间加一条边构成欧拉回路后，删除此边得到欧拉通路。证明从略。

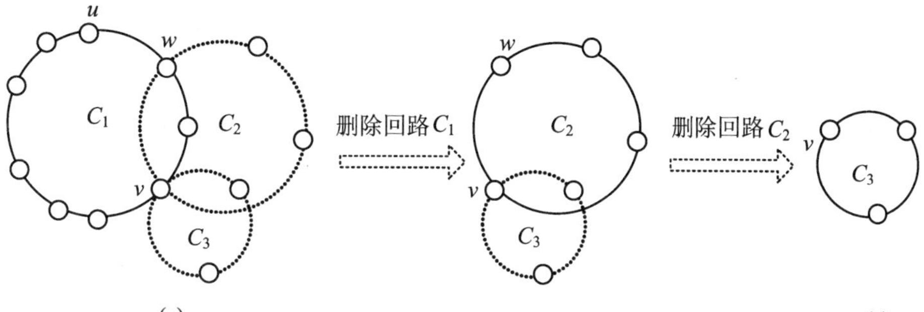

(a) (b) (c)

图 6.13 欧拉回路的分解图

定理 6.6 有向图 D 是欧拉图当且仅当 D 的每个顶点的入度等于出度。

推论 6.4 有向图 D 有欧拉通路当且仅当 D 是连通的且存在两个特殊顶点：一个顶点的入度比出度大 1，另一顶点的入度比出度小 1。而其余每个顶点的入度等于出度。

图 6.12(b)中的 4 个顶点的度都是奇数，故不存在欧拉回路，所以哥尼斯堡七桥问题无解。

在有些趣味数学中，欧拉图问题常被称为“一笔画”问题，即什么样的图在不提笔的限制下，可以连续、无回笔地一笔画出？显然，一张图可以一笔画出当且仅当它存在欧拉回路。

【例 6.5】 判断图 6.14 中的各图是否有欧拉回路或欧拉通路。

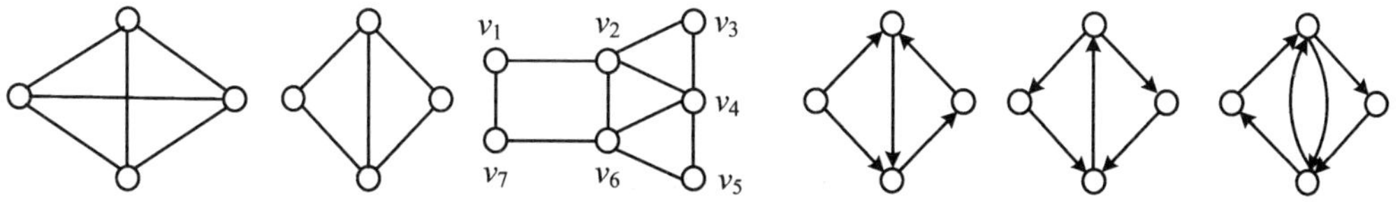

(a) (b) (c) (d) (e) (f)

图 6.14 欧拉通路和欧拉图

解 根据定理 6.5，在图 6.14 中：

图(a)有 4 个奇度顶点，既没有欧拉通路，也没有欧拉回路。

图(b)有 2 个奇度顶点，存在欧拉通路，不存在欧拉回路。

图(c)没有奇度顶点，存在欧拉回路，当然更有欧拉通路。

对于有向图(d)，既没有欧拉通路，也没有欧拉回路。

图(e)存在欧拉通路，不存在欧拉回路。

图(f)存在欧拉回路，当然更有欧拉通路。

对于欧拉图，如何构造欧拉回路呢？先找到边不交的简单回路若干，合并即可。

(1) 过 v_4 发现简单回路 $\underbrace{v_4v_5v_6v_4}_{①}$。

(2) 过 v_4 发现简单回路$\underbrace{v_4 v_2 v_3 v_4}_{②}$。

(3) 合并成一个回路$\underbrace{v_4 v_5 v_6 v_4}_{①}\underbrace{v_2 v_3 v_4}_{②}$。

(4) 过 v_2 发现简单回路$\underbrace{v_2 v_1 v_6 v_7 v_2}_{③}$。

(5) 合并成最终简单回路$\underbrace{v_4 v_5 v_6 v_4}_{①}\underbrace{v_2 v_1 v_6 v_7 v_2}_{③}\underbrace{v_3 v_4}_{②}$，由于包含所有边，它就是一条欧拉回路。

6.3 哈密顿图

1859 年，爱尔兰数学家威廉·哈密顿发明了一个周游世界的游戏。将一个正 12 面体的 20 个顶点分别标上世界上大城市的名字，要求玩游戏的人从某城市出发沿 12 面体的棱，通过每个城市恰一次，最后回到出发的那个城市。哈密顿游戏的原理是在图 6.15 中找出一个包含全部顶点的回路。

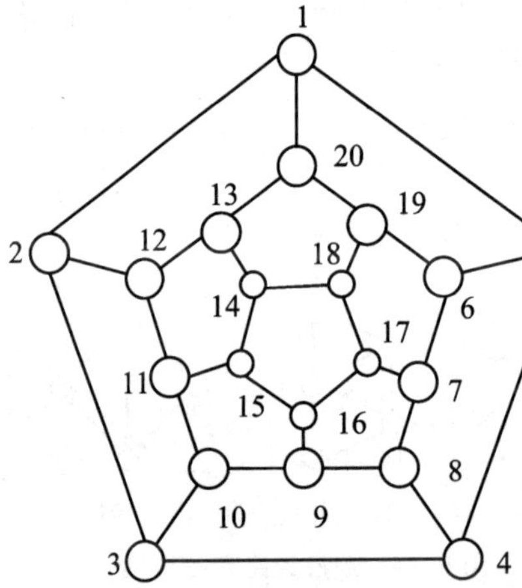

图 6.15　周游世界问题

定义 6.10　经过图（无向图或有向图）所有顶点一次且仅一次的通路（回路）称为**哈密顿通路**（**回路**）。存在哈密顿回路的图称为**哈密顿图**。

如图 6.16 所示：图(a)存在哈密顿回路，所以是哈密顿图。

图(b)仅存在哈密顿通路，无哈密顿回路，不是哈密顿图。

图(c)既不存在哈密顿通路，也无哈密顿回路。

判断一个图是否为哈密顿图与判断一个图是否为欧拉图似乎很相似，然而二者却有本质的不同。目前为止尚未找到判定哈密顿图有效的充要条件。这里给出一个必要非充分条件。

定理 6.7　设无向图 $G = \langle V, E \rangle$是哈密顿图，则对于任意的非空集合 $V_1 \subseteq V$，有

$$P(G - V_1) \leqslant |V_1|$$

其中 $p(G-V_1)$为 $G-V_1$ 的连通分支数。

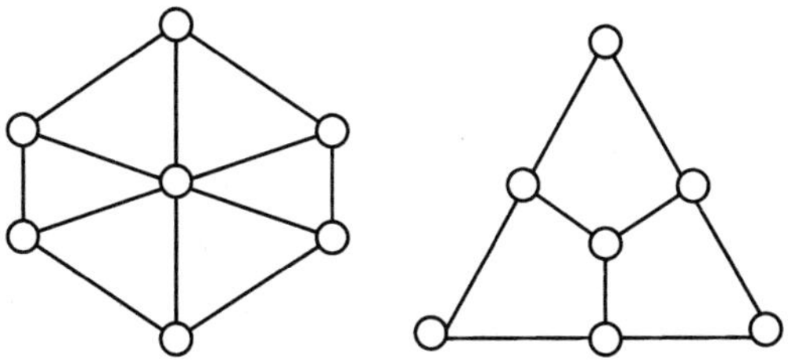

(a) (b) (c)

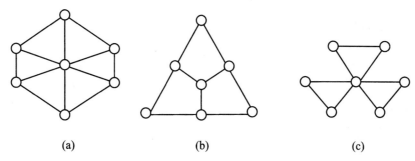

图 6.16 哈密顿通路(回路)的判定

这是判定哈密顿图的一个必要条件,证明思路见图 6.17。设 C 是G 中的一条哈密顿回路,当$|V_1|=3$时,连续删除图(a)的 3 个顶点,有

$$p(G - V_1) = 1 \leqslant |V_1| = 3$$

间隔删除图(b)的 3 个顶点,有

$$p(G - V_1) = 3 \leqslant |V_1| = 3$$

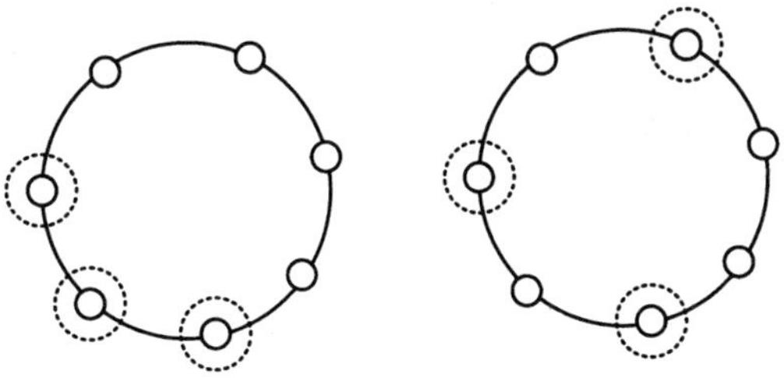

(a) (b)

图 6.17 证明思路辅助图

推论 6.5 设无向图 $G=\langle V,E\rangle$是哈密顿图,则对于任意的非空集合 $V_1\subseteq V$,有

$$p(G - V_1) \leqslant |V_1| + 1$$

利用定理 6.7 及推论 6.5 可以判定某些图不是哈密顿图或不存在哈密顿通路。

【例 6.6】 判定图 6.18 中两个图是否是哈密顿图。

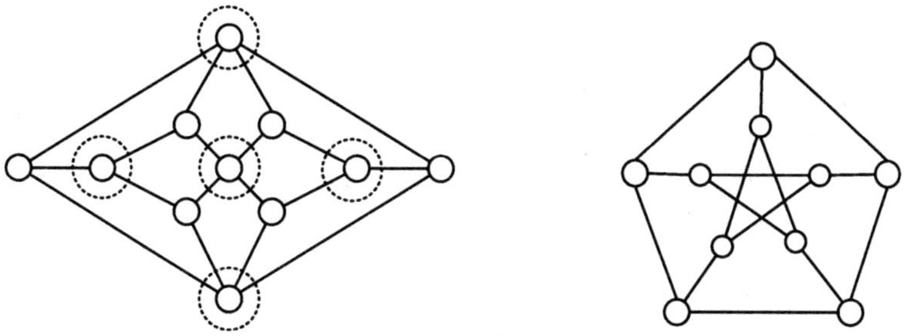

(a) (b)

图 6.18 哈密顿图的判定

解 在图 6.18 中：

删除图 (a)中如图所示的 5 个顶点后，有 $p(G-V_1)=6$。由定理 6.7 知，图(a)不是哈密顿图。

图(b)称为彼得森图，可以证明它不是哈密顿图，但对它的任意顶点子集 V_1，总有 $P(G-V_1)\leqslant|V_1|$。

这说明定理 6.7 中的条件只是哈密顿图的一个必要条件，而不是充分条件。

下面给出一些图 G 具有哈密顿回路或通路的一个充分非必要条件。

定理 6.8 设 $G=\langle V,E\rangle$是含 n $(\geqslant 3)$个顶点的无向简单图。若对于 G 中任意两个不相邻的顶点 u 和 v，都有

$$d(u)+d(v)\geqslant n-1$$

则 G 中存在着哈密顿通路。

证明思路：采用扩大路径法。先找到一个极大路径的初级通路，然后逐步加入新顶点，直至包含全部顶点，最终得到一个遍历全部顶点的最大初级通路，即哈密顿通路。

首先证明该图是连通图，确保每个顶点都能加入到初级通路；其次要保证初级通路加入新顶点后仍然是初级通路。可以用反证法证明 G 是连通图，这里从略。

现证明第二点。如图 6.19(a)所示，假设 V_1与 t 个顶点相邻，这 t 个顶点从 V_2开始，至多到 V_{k-1}。由于 $d(v_1)+d(v_k)\geqslant n-1$，则 V_k至少与前面 $t-1$ 个顶点中的一个相邻，从而得到含 K 个顶点的初级回路。若 $k<n$，图中还有顶点未加入，通过图 6.19(b)标示的方式可以加入新顶点 v_x，此时得到一条更长的初级通路。

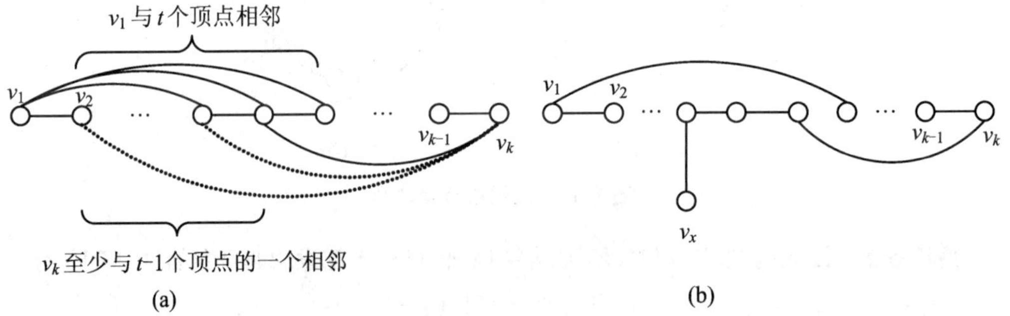

图 6.19 证明辅助图

推论 6.6 设 $G=\langle V,E\rangle$是含 n $(\geqslant 3)$个顶点的无向简单图。若对于 G 中任意两个不相邻的顶点 u 和 v，都有

$$d(u)+d(v)\geqslant n$$

则 G 中存在着哈密顿回路，从而 G 为哈密顿图。

定理 6.9 设 D 是n 阶有向图。若对于 D 的任意两个不同的顶点u 和v，都有 u 邻接到 v 或者v 邻接到u，则 D 中存在哈密尔顿通路。

【例 6.7】 考虑在 7 天内安排 7 门课程的考试，使得同一位教师所任的 2 门课程考试不安排在接连的 2 天里。试证：如果没有教师担任多于 4 门课程，则符合上述要求的考试安排总是可能的。

证明：如图 6.20 所示，构造含 7 个顶点的无向图 G。图中一个顶点对应一门课程，

仅当2个顶点对应的课程是由不同教师担任的，2个顶点之间加一条边。顶点相邻意味着这2门课程可以安排在连续2天内考试。观察图6.20，假设顶点 u 和 v 是同一教师所任课程，w 由另外的教师担任，则有边 (u,w) 和 (v,w)。由于每位教师所任的课程不超过4门，故每个顶点至多和3个顶点不相邻，或者说至少和 $6-3$ 个顶点相邻，所以其度至少是3。这样，任意两个不相邻的顶点(如 u 和 v)的度之和至少是6。由定理6.8可知，G 中存在哈密顿通路，可能有多条，每一条通路对应着7门课程的一次考试安排。

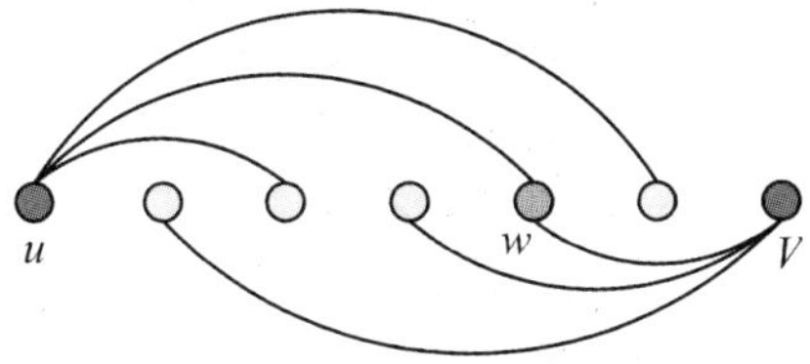

图6.20　哈密顿通路图例

习　题　6

1. 设 T 是一棵树，它有2个2度结点，1个3度结点，3个4度结点，求 T 的树叶数。

2. 对图6.21给出的二元有序树进行3种方式的遍历，并写出遍历结果。

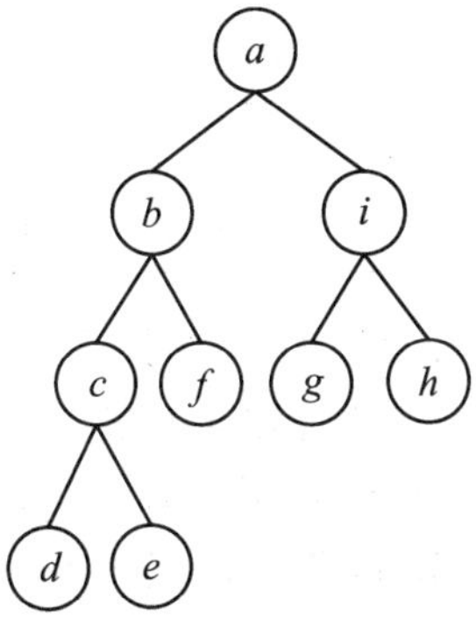

图6.21　二元有序树

3. 图6.22给出的二元树表达了一个算式。

(1) 给出这个算式的表达式。

(2) 给出算式的波兰式符号法表达式。

(3) 给出算式的逆波兰式符号法表达式。

4. (1) 用二叉有序正则树表示下面的算式：

$$(a+b)^2 \div (e+(c-d)\times f)$$

(2) 用3种遍历法访问这棵二叉树，写出访问过程。

5. 画出一棵权为3、4、5、6、7、8、9的最优二叉树，并计算它的权。

6. 下面给出的各符号串集合中，哪些是前缀码？

$$A_1 = \{0,10,110,111\}$$
$$A_2 = \{1,01,001,000\}$$

$$A_3 = \{1,11,101,001,0011\}$$
$$A_4 = \{b,c,dd,dc,aba,abb,abc\}$$
$$A_5 = \{b,c,a,aa,ac,abc,abb,aba\}$$

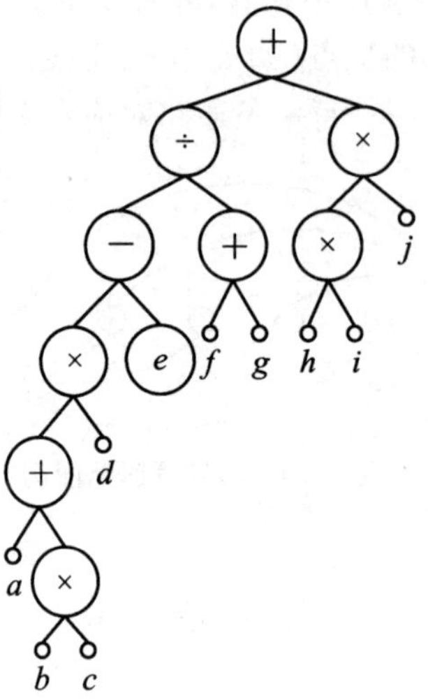

图 6.22　二元有序树

7. 在通信中，八进制数字出现的频率如表 6.2 所示。

表 6.2

数字	0	1	2	3	4	5	6	7
字频	25%	20%	15%	10%	10%	10%	5%	5%

求传输它们的最佳前缀码，并求传输 10^n 个按上述比例出现的八进制数字需要多少个二进制数字？若用等长(长为 3)的码传输需要多少个二进制数字？

8. 图 6.23 给出了一个无向连通赋权图 G，求相应中国邮递员问题的解。中国邮递员问题是由我国数学家管梅谷于 1960 年首次提出的。问题的实际背景是：一个邮递员从邮局出发投递邮件，必须经过他负责的每条街道至少一次，然后返回邮局。试问，邮递员该怎样设计投递路线，使花费的时间最少？

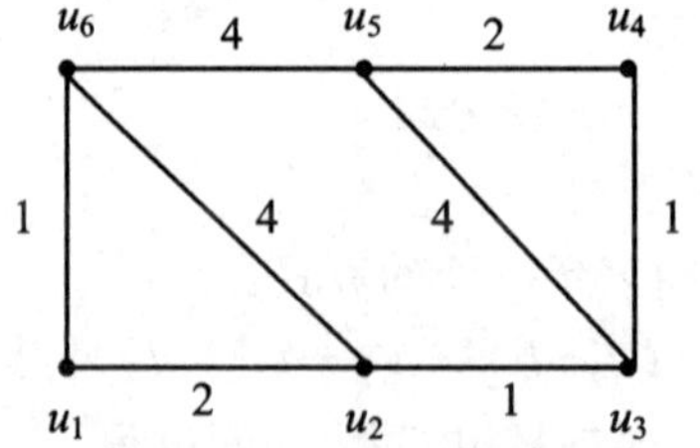

图 6.23　无向连通赋权图 G

可以将该问题抽象成图的模型，即将邮递员必须经过的每条街道看成一条边，街道的两端看成边的端点，得到一个无向图 G，每条边赋予一个非负权，表示邮递员经过该街道花费的时间。求 G 的一条回路，该回路包含 G 的每条边至少一次，并且该回路所有边的权之和最小。

9. 若 D 为有向欧拉图，则 D 一定为强连通图，其逆命题成立吗？

10. 画一个无向欧拉图，使它具有：

(1) 偶数个顶点，偶数条边。

(2) 奇数个顶点，奇数条边。

(3) 偶数个顶点，奇数条边。

(4) 奇数个顶点，偶数条边。

11. 在什么条件下无向完全图 $K_n(n\geqslant 2)$ 为哈密顿图？又在什么条件下为欧拉图？

12. 今有 a、b、c、d、e、f、g 7 个人，已知下列事实：a 会讲英语；b 会讲英语和汉语；c 会讲英语、意大利语和俄语；d 会讲日语和汉语；e 会讲德语和意大利语；f 会讲法语、日语和俄语；g 会讲法语和德语。

试问这 7 个人要围成一个圈，应该如何安排座位，才能使每个人都能和他身边的人交谈？

13. 图 6.24 所示为 4 阶赋权完全图 K_4，求出它的不同的哈密顿回路，并指出最短的哈密顿回路。

14. 求如图 6.25 所示的 5 阶赋权完全图 K_5 中的最短哈密顿回路。

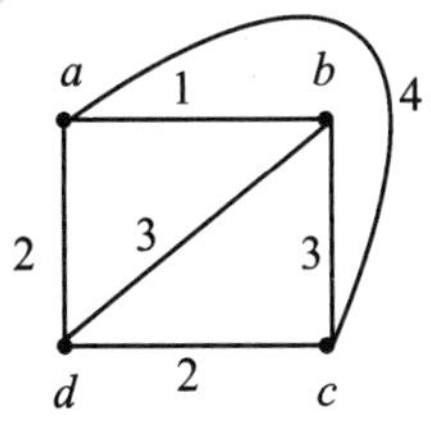

图 6.24　4 阶赋权完全图 K_4

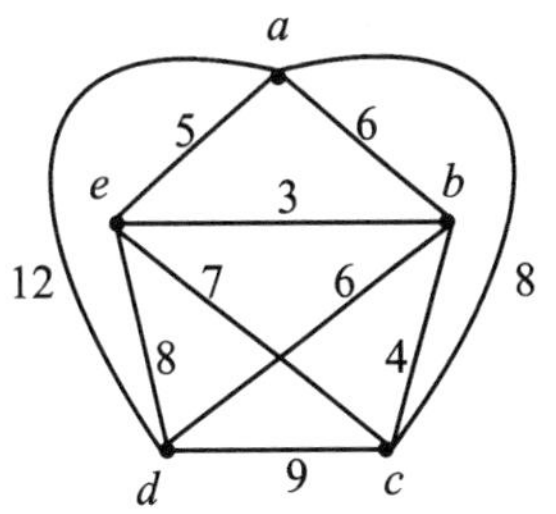

图 6.25　5 阶赋权完全图 K_5

15. 给出满足下列条件之一的图的实例：

(1) 图中同时存在欧拉回路和哈密顿回路。

(2) 图中存在欧拉回路，但不存在哈密顿回路。

(3) 图中不存在欧拉回路，但存在哈密顿回路。

(4) 图中不存在欧拉回路，也不存在哈密顿回路。

第4部分
代数系统

第 7 章　代数运算及其性质

7.1　代 数 运 算

二元运算是最常见的代数运算。

定义 7.1　设 S 为集合，函数 $f:S\times S\to S$ 称为 S 上的一个**二元代数运算**，简称二元运算。

由定义可知，二元运算是一个封闭运算。所谓的封闭是指运算数参加运算后产生的结果仍在同一个集合中。例如，定义在自然数集上的普通加法运算，符号化为 $f:\mathbf{N}\times\mathbf{N}\to\mathbf{N}$，$f(\langle x,y\rangle)=x+y$ 就是一个二元运算；但是普通的减法不是自然数集上的二元运算，因为两个自然数相减可能得到负数，而负数不属于 $\mathbf{N}$，这时也称集合 $\mathbf{N}$ 对减法运算不封闭。要验证一个运算是否为集合 S 上的二元运算，首先要保证参与运算的可以是 S 中的任意两个元素（包含相等的两个元素），而且也要保证运算的结果是 S 中的元素，即 S 对该运算封闭。

【例 7.1】　(1) 自然数集合 $\mathbf{N}$ 的加法和乘法是 $\mathbf{N}$ 上的二元运算，但减法和除法不是，因为如 2 和 3 都是自然数，但 $2-3\notin\mathbf{N}$，$2\div 3\notin\mathbf{N}$，而且 0 属于自然数但不能作除数。

(2) 整数集合 $\mathbf{Z}$ 上的加法、减法和乘法是 $\mathbf{N}$ 上的二元运算，而除法不是。

(3) 非零实数集 $\mathbf{R}^*$ 上的乘法和除法都是 $\mathbf{R}^*$ 上的二元运算，而加法、减法不是。因为对于任意 $x\in\mathbf{R}^*$，$x+(-x)=0$，$x-x=0$，而 $0\notin\mathbf{R}^*$。

(4) 设 $\boldsymbol{M}_n(\mathbf{R})$ 表示所有 $n(n\geqslant 2)$ 阶实矩阵的集合，即

$$\boldsymbol{M}_n(\mathbf{R})=\left\{\begin{bmatrix} a_{11} & a_{12} & \cdots & a_{1n}\\ a_{21} & a_{22} & \cdots & a_{2n}\\ \vdots & \vdots & & \vdots\\ a_{n1} & a_{n2} & \cdots & a_{nn}\end{bmatrix}\ \middle|\ a_{ij}\in\mathbf{R}\right\}$$

则矩阵加法和乘法是 $\boldsymbol{M}_n(\mathbf{R})$ 上的二元运算。

(5) S 是任意集合，则 $\cup$、$\cap$、$-$、$\oplus$ 运算都是幂集 $P(S)$ 上的二元运算。

(6) $R(S)$ 表示集合 S 上的所有二元关系的集合，则关系的合成运算是 $R(S)$ 上的二元运算。

可以把二元代数运算的概念推广到 n 元代数运算。

定义 7.2　设 S 是集合，n 为正整数，则函数

$$f: \underbrace{S \times S \times \cdots \times S}_{n\text{个}} \to S$$

称为 S 上的一个 n 元**代数运算**，简称 n 元运算。

为了书写方便，可以用算符来表示 n 元运算。常用的算符有$\circ$、$*$、$\cdot$、Δ 等，如 $f(\langle a_1, a_2, \cdots, a_n \rangle) = b$ 则可记为

$$\circ(a_1, a_2, \cdots, a_n) = b$$

此时，

$$\circ(a_1) = b \quad (\text{一元运算})$$
$$\circ(a_1, a_2) = b \quad (\text{二元运算})$$
$$\circ(a_1, a_2, a_3) = b \quad (\text{三元运算})$$

这些相当于前缀表示法。当$\circ$表示二元运算时，常将算符$\circ$放在两个运算数之间，把$\circ(a,b)$记为 $a \circ b$；而对于一元运算$\circ$，通常将后面的运算数 a 的括号省略，简记为$\circ a$。

当 S 为有穷集时，S 上的一元和二元运算可以用运算表来给出，一般形式的运算表如表 7.1 和 7.2 所示。

表 7.1　$\circ$一元运算表

a_i	$\circ a_i$
a_1	$\circ a_1$
a_2	$\circ a_2$
$\vdots$	$\vdots$
a_n	$\circ a_n$

表 7.2　$\circ$二元运算表

$\circ$	a_1	a_2	$\vdots$	a_n
a_1	$a_1 \circ a_1$	$a_1 \circ a_2$	$\vdots$	$a_1 \circ a_n$
a_2	$a_2 \circ a_1$	$a_2 \circ a_2$	$\vdots$	$a_2 \circ a_n$
$\vdots$	$\vdots$	$\vdots$	$\vdots$	$\vdots$
a_n	$a_n \circ a_1$	$a_n \circ a_2$	$\vdots$	$a_n \circ a_n$

【例 7.2】 设 $S=\{a,b\}$，$P(S)$上的一元运算$\sim$和二元运算$\oplus$的运算表如表 7.3 和 7.4 所示，其中 S 是全集。

表 7.3　$\sim$一元运算表

a_i	$\sim a_i$
$\varnothing$	$\{a,b\}$
$\{a\}$	$\{b\}$
$\{b\}$	$\{a\}$
$\{a,b\}$	$\varnothing$

表 7.4　$\oplus$二元运算表

$\oplus$	$\varnothing$	$\{a\}$	$\{b\}$	$\{a,b\}$
$\varnothing$	$\varnothing$	$\{a\}$	$\{b\}$	$\{a,b\}$
$\{a\}$	$\{a\}$	$\varnothing$	$\{a,b\}$	$\{b\}$
$\{b\}$	$\{b\}$	$\{a,b\}$	$\varnothing$	$\{a\}$
$\{a,b\}$	$\{a,b\}$	$\{b\}$	a	$\varnothing$

【例 7.3】 设 $S=\{1,2,3,4\}$，定义在 S 上的二元运算如下：

$$x \circ y = (xy) \bmod 5 \quad (\forall x、y \in S)$$

构造$\circ$运算表。

解　$(xy) \bmod 5$ 表示 xy 除以 5 的余数，其运算表如表 7.5 所示。

表 7.5　例 7.3 二元运算表

∘	1	2	3	4
1	1	2	3	4
2	2	4	1	3
3	3	1	4	2
4	4	3	2	1

7.2　代数运算的性质

下面讨论二元运算的重要性质。

定义 7.3　设 S 为集合，$\circ$ 为 S 上的二元运算。

(1) 若对于任意的 x、$y\in S$，有 $x\circ y=y\circ x$，则称 $\circ$ 运算在 S 上是可交换的，也称 $\circ$ 运算在 S 上满足**交换律**。

(2) 若对于任意的 x、y、$z\in S$，有 $(x\circ y)\circ z=x\circ(y\circ z)$，则称 $\circ$ 运算在 S 上是**可结合的**，也称 $\circ$ 运算在 S 上满足**结合律**。

(3) 若对于任意的 $x\in S$，有 $x\circ x=x$，则称 $\circ$ 运算在 S 上是**幂等**的，也称 $\circ$ 运算在 S 上满足**幂等律**。

【例 7.4】　(1) 实数集 $\mathbf{R}$ 上的加法和乘法是可交换的、可结合的，而减法不满足交换律和结合律。

(2) $\boldsymbol{M}_n(\mathbf{R})$ 上的矩阵加法是可交换的、可结合的，而矩阵乘法是可结合的，但不是可交换的。

(3) $P(S)$ 上的 $\cup$、$\cap$、$\oplus$ 运算是可交换的、可结合的，但差运算不可交换且不可结合。

以上所有的运算中只有集合的 $\cup$ 和 $\cap$ 运算满足幂等律，其他的运算一般说来都不是幂等的。实际上某些二元运算尽管不满足幂等律，但可能存在着某些元素满足 $x\circ x=x$，称这样的元素为关于 $\circ$ 运算的幂等元。例如，实数集上，0 是加法的幂等元，0 和 1 是乘法的幂等元。不难看出，如果集合中的所有元素都是关于 $\circ$ 运算的幂等元，则 $\circ$ 运算满足幂等律。

对于满足结合律的运算，若参与运算的是同一元素，则可以用该元素的幂表示。

例如，

$$\underbrace{x\circ x\circ\cdots\circ x}_{n\text{个}}=x^n$$

不难证明，幂运算具有以下性质：

$$x^m\circ x^n=x^{m+n},\quad (x^m)^n=x^{mn}\quad (m、n\in\mathbf{Z}^+)$$

定义 7.4　设 $\circ$ 和 $*$ 是 S 上的两个二元运算：

(1) 如果对于任意的 x、y、$z\in S$，有

$$x*(y\circ z)=(x*y)\circ(x*z)$$
$$(y\circ z)*x=(y*x)\circ(z*x)$$

则称运算 $*$ 对 $\circ$ 是**可分配**的，也称 $*$ 对 $\circ$ 满足**分配律**。

(2) 如果对于任意的 x、$y \in S$，有

$$x * (x \circ y) = x$$
$$x \circ (x * y) = x$$

则称运算 $*$ 和 $\circ$ 满足**吸收律**。

【例 7.5】 (1) 实数集 **R** 上的乘法对加法是可分配的，但加法对乘法不满足分配律。

(2) $n(n \geqslant 2)$ 阶实矩阵集合 $\boldsymbol{M}_n(\mathbf{R})$ 上的矩阵乘法对矩阵加法是可分配的。

(3) 幂集 $P(S)$ 上的 $\cup$ 和 $\cap$ 是互相可分配的，并且满足吸收律。

定义 7.5 设 $\circ$ 是 S 是集合上的二元运算：

(1) 若存在元素 e_l（或 e_r）$\in S$，使得对于 $\forall x \in S$，都有

$$e_l \circ x = x (\text{或 } x \circ e_r = x)$$

则称 e_l（或 e_r）是 S 上关于运算 $\circ$ 的一个**左幺元**（或**右幺元**）。若 $e \in S$ 关于 $\circ$ 既是左幺元又是右幺元，则称 e 为 S 上关于运算 $\circ$ 的**幺元**。

(2) 若存在元素 θ_l（或 θ_r）$\in S$，使得对于 $\forall x \in S$，都有

$$\theta_l \circ x = \theta_l (\text{或 } x \circ \theta_r = \theta_r)$$

则称 θ_l（或 θ_r）是 S 上关于运算 $\circ$ 的一个**左零元**（或**右零元**）。若 $\theta \in S$ 关于 $\circ$ 既是左零元又是右零元，则称 θ 为 S 上关于运算 $\circ$ 的**零元**。

【例 7.6】 (1) 整数集 **Z** 中关于加法的幺元是 0，没有零元，关于乘法的幺元是 1，零元是 0。

(2) $n(n \geqslant 2)$ 阶实矩阵集合 $\boldsymbol{M}_n(\mathbf{R})$ 上关于矩阵加法的幺元是 n 阶全 0 矩阵，没有零元，而关于矩阵乘法的幺元是 n 阶单位矩阵，零元是 n 阶全 0 矩阵。

(3) 幂集 $P(S)$ 中关于 $\cup$ 的幺元是 φ，零元是 S，而关于 $\cap$ 的幺元是 S，零元是 φ。

(4) $S = \{a_1, a_1, \cdots, a_n\}(n \geqslant 2)$。定义 S 上的二元运算 $\circ$：对于任意的 a、$b \in s$，有 $a \circ b = a$。因为存在元素 b 使得对于 $\forall x \in S$，都有 $x \circ b = x$，而且 b 可取遍 S 中的每个元素，所以每个元素都是 $\circ$ 运算的右幺元。没有左幺元，因为不存在某个元素 a 满足对于 $\forall x \in S$，都有 $a \circ x = x$。所以 S 中没有幺元。同样地，S 中每个元素都是 $\circ$ 运算的左零元，但没有零元。

关于幺元和零元存在以下定理：

定理 7.1 设 $\circ$ 是集合 S 上的二元运算，若存在 $e_l \in S$ 和 $e_r \in S$ 满足对于 $\forall x \in S$，都有 $e_l \circ x = x$ 和 $x \circ e_r = x$，则 $e_l = e_r = e$，而且 e 就是 S 上关于 $\circ$ 运算的唯一的幺元。

证明：因为 e_l 是左幺元，所以有 $e_l \circ e_r = e_r$；又因为 e_r 是右幺元，所以有 $e_l \circ e_r = e_l$。结合两等式可得 $e_l = e_r$，两者合记为 e。假设关于 $\circ$ 存在另一幺元 e'，则有 $e \circ e' = e \circ e' = e$，所以 e 就是 S 上关于 $\circ$ 运算的唯一的幺元。

定理 7.2 设 $\circ$ 是集合 S 上的二元运算，若存在 $\theta_l \in S$ 和 $\theta_r \in S$ 满足对于 $\forall x \in S$，都有 $\theta_l \circ x = \theta_l$ 和 $x \circ \theta_r = \theta_r$，则 $\theta_l = \theta_r = \theta$，而且 θ 就是 S 上关于 $\circ$ 运算的唯一的零元。

证明从略。

定义 7.6 设 $\circ$ 是集合 S 上的二元运算，$e \in S$ 是关于运算 $\circ$ 的幺元。对于 S 中某一元素 x，若存在 $y_l \in S$（或 $y_r \in S$），使得 $y_l \circ x = e$（或 $x \circ y_r = e$），则称 y_l（或 y_r）是 x 关于运算 $\circ$ 的**左逆元**（或**右逆元**）。若 $y \in S$ 既是 x 关于 $\circ$ 运算的左逆元，又是 x 关于 $\circ$ 运算的右逆

元，则称 y 是 x 关于 $\circ$ 运算的**逆元**。

【例 7.7】 (1) 在整数集 $\mathbf{Z}$ 上关于加法的幺元是 0，任何整数 n 关于加法的逆元是 $-n$；乘法的幺元是 1，只有 1 和 -1 存在逆元，其他整数没有乘法逆元。

(2) $n(n\geqslant 2)$ 阶实矩阵集合 $\boldsymbol{M}_n(\mathbf{R})$ 上关于矩阵加法的幺元是 n 阶 0 矩阵，任何矩阵 $\boldsymbol{M}$ 关于矩阵加法的逆元是 $-\boldsymbol{M}$。矩阵乘法的幺元是单位矩阵，只有实可逆矩阵存在逆元 $\boldsymbol{M}^{-1}$。

(3) 幂集 $P(S)$ 中关于 $\cup$ 的幺元是 φ，只有 φ 有逆元，就是它本身；$\cap$ 的幺元是 S，只有 S 有逆元，就是它本身。

关于逆元存在以下定理：

定理 7.3 设 $\circ$ 为集合 S 上可结合的二元运算且幺元为 e，对于 $x\in S$，若存在 $y_l\in S$ 和 $y_r\in S$，使得 $y_l\circ x=e$ 和 $x\circ y_r=e$，则 $y_l=y_r=y$，且 y 是 x 关于运算 $\circ$ 的唯一的逆元。

证明：

$$y_l = y_l\circ e = y_l\circ(x\circ y_r) = (y_l\circ x)\circ y_r = e\circ y_r = y_r$$

令 $y=y_l=y_r$，y 是 x 关于 $\circ$ 运算的逆元。假设 y' 也是 x 关于运算 $\circ$ 的逆元，则有

$$y' = y'\circ e = y'\circ(x\circ y) = (y'\circ x)\circ y = e\circ y = y$$

所以 y 是 x 关于 $\circ$ 运算的唯一的逆元。引入符号 y^{-1}，代表 x 的唯一逆元。

【例 7.8】 设 $\circ$ 为实数集 $\mathbf{R}$ 上的二元运算，对于 x、$y\in\mathbf{R}$，有 $x\circ y=x+y-2xy$，说明 $\circ$ 运算是否为可交换的、可结合的、幂等的，然后确定关于 $\circ$ 运算的幺元、零元和所有可逆元素的逆元。

解 运算是可交换的，可结合的不是幂等的。下面验证结合律：

对于任意的 x、y、$z\in\mathbf{R}$，有

$$\begin{aligned}(x\circ y)\circ z &= (x+y-2xy)\circ z\\ &= x+y-2xy+z-2(x+y-2xy)z\\ &= x+y+z-2(xy+xz+yz)+4xyz\\ x\circ(y\circ z) &= x\circ(y+z-2yz)\\ &= x+y+z-2yz-2x(y+z-2yz)\\ &= x+y+z-2(xy+xz+yz)+4xyz\end{aligned}$$

所以 $\circ$ 是可结合的。

假设 e 和 θ 分别为 $\circ$ 运算的幺元和零元，则对于 $\forall x\in\mathbf{R}$，有

$$x = x\circ e = x+e-2xe$$

$$\theta = x\circ\theta = x+\theta-2x\theta$$

则 $e-2xe=0$ 和 $x-2x\theta=0$，而方程对所有的 x 恒成立，所以 $e=0$，$\theta=1/2$。

任取 $x\in\mathbf{R}$，若 y 是 x 的关于 $\circ$ 运算的逆元，则有

$$x\circ y = x+y-2xy(=e)=0$$

解得

$$y=\frac{x}{2x-1}\quad\left(x\neq\frac{1}{2}\right)$$

通过上面的分析可知 0 是 $\circ$ 运算的幺元，1/2 是 $\circ$ 运算的零元，除去零元 1/2 外，对于 $\forall x\in\mathbf{R}$，都有 x 逆元存在，并且

$$x^{-1} = \frac{x}{2x-1}$$

定义 7.7 设∘运算为集合 S 上的二元运算，若对于任意的 a、b、$c \in S$（a 是非零元），都有

$$a \circ b = a \circ c \Rightarrow b = c$$
$$b \circ a = c \circ a \Rightarrow b = c$$

则称∘运算在 S 上满足**消去律**。

【例 7.9】 (1) 普通加法和乘法在整数集 **Z**、有理数集 **Q** 和实数集 **R** 上满足消去律。

(2) $n(n \geqslant 2)$ 阶实矩阵集合 $\boldsymbol{M}_n(\mathbf{R})$ 上的矩阵加法满足消去律，但矩阵乘法不满足消去律。

(3) 幂集 $P(S)$ 上的 $\cup$ 和 $\cap$ 运算一般不满足消去律，但 $\oplus$ 运算满足消去律。

(4) 若定义在 S 上的二元运算的非零元均有逆元，则一定满足消去律。

习 题 7

1. 设 $A = \{x \mid x = 2^n, n \in \mathbf{N}\}$，问乘法运算在 A 上是否封闭？加法运算呢？

2. 设 **Q** 为有理数集合，∘是 **Q** 上的二元运算，对于任意的 a、$b \in Q$，有 $a \circ b = a + b - ab$，问运算是否是可交换的？

3. 设 A 是一个非空集合，$*$ 是 A 上的二元运算，对于任意的 a、$b \in A$，有 $a * b = b$，证明 $*$ 是可结合的运算。

4. 设 $P(S)$ 是集合 S 的幂集，在 $P(S)$ 上定义的两个二元运算，验证集合的 $\cup$、$\cap$ 运算是适合幂等律的。

5. 设集合 $A = \{\alpha, \beta\}$，在 A 上定义的两个二元运算 $*$ 和∘如表 7.6 和表 7.7 所示，∘对 $*$ 可分配吗？$*$ 对∘呢？

表 7.6

$*$	α	β
α	α	β
β	β	α

表 7.7

$\circ$	α	β
α	α	α
β	α	β

6. 设集合 $S = \{\alpha, \beta, \gamma, \delta, \zeta\}$，定义在 S 上的一个二元运算 $*$ 如表 7.8 所示，请指出代数系统 $\langle S, * \rangle$ 中各元素的左、右逆元。

表 7.8

$*$	α	β	γ	δ	ζ
α	α	β	γ	δ	ζ
β	β	δ	α	γ	δ
γ	γ	α	β	α	β
δ	δ	α	γ	δ	γ
ζ	ζ	δ	α	γ	ζ

7. 判断下列集合对所给的二元运算是否封闭。对于封闭的二元运算，判断它们是否满足交换律、结合律和分配律，并在存在的情况下求出它们的单位元、零元和所有可逆元素的逆元。

(1) 集合 $n\mathbf{Z}=\{nz \mid z \in \mathbf{Z}\}$关于普通加法和普通乘法的运算，其中 n 是正整数。

(2) 集合 $S=\{x \mid x=2n-1, n \in \mathbf{Z}^+\}$关于普通加法和普通乘法的运算。

(3) 集合 $S=\{0,1\}$关于普通加法和普通乘法的运算。

(4) 集合 $S=\{x \mid x=2^n, n \in \mathbf{Z}^+\}$关于普通加法和普通乘法的运算。

(5) 集合 $A=\{a_1, a_2, \cdots, a_n\}(n \geqslant 2)$。其中 $*$ 运算定义为对于任意的 a、$b \in A$，有 $a * b = b$。

第8章　代数系统基础

代数系统理论是近世代数(抽象代数)研究的中心问题,是在初等代数学的基础上产生和发展起来的。它通过对大量原子系统赋以函数变换和各种互连结构,形成复杂多样的系统特性,并进而研究系统变量集合及其运算的代数性质以及由此形成的系统的代数结构。计算机技术的发展和普及,使得代数系统理论在计算机科学中得到了非常广泛的应用,并已成为从事计算机应用开发的研究人员的基本工具。虽然在诸如可计算性、计算的复杂性、数字结构的抽象刻画、程序设计语言语义学等领域中都是以代数结构作研究工具的,但在本章中,我们不在这些领域内展开讨论,而只将向这些领域提供研究工具的代数结构的基本知识介绍给大家。

8.1　相关概念

8.1.1　代数系统、子代数和积代数

定义 8.1　设 S 是一个非空集合,f_1、f_2、…、f_k 是定义在 S 上的 k 个代数运算,由 S 和这些运算一起所构成的系统称为一个代数系统,简称为代数,记为 $\langle S, f_1, f_2, \cdots, f_k \rangle$。

例如,$\langle \mathbf{N}, +, \times \rangle$、$\langle \mathbf{Z}^+, -, \times \rangle$、$\langle \mathbf{R}^*, \times, \div \rangle$ 是代数系统;$\langle \mathbf{M}_n(\mathbf{R}), +, \cdot \rangle$ 是代数系统,其中 + 和 · 分别代表矩阵加法和矩阵乘法;$\langle P(S), \cup, \cap, \sim \rangle$ 也是代数系统,它包含2个二元运算和1个一元运算。

一个代数系统的性质,常常与 S 中幺元和零元这2个特异元素(代数常元)有关。为了强调它们对某一性质的重要作用,有时用显式把它们列在代数系统表达式中。

例如,$\langle \mathbf{N}, +, \times, 0, 1 \rangle$、$\langle P(S), \cup, \cap, \sim, \varnothing, S \rangle$ 等。

定义 8.2　设 $V = \langle S, f_1, f_2, \cdots, f_k \rangle$ 是一个代数系统,且非空集 $B \subseteq S$,如果 B 在运算 f_i 下都是封闭的,并且有相同的代数常元,则称 $V' = \langle B, f_1, f_2, \cdots, f_k \rangle$ 是 V 的**子代数**。当 B 是 S 的真子集时,称其为 V 的**真子代数**。

例如,$\langle \mathbf{Q}, +, \times, -0, 1 \rangle$ 和 $\langle \mathbf{Z}, +, \times, -, 0, 1 \rangle$ 都是 $\langle \mathbf{R}, +, \times, -, 0, 1 \rangle$ 的子代数,并且是真子代数,因为运算 +、×、-、0、1 在 $\mathbf{Q}$ 和 $\mathbf{Z}$ 上封闭。但减法运算在 $\mathbf{N}$ 中不封闭,不是代数运算,因而也不是 $\langle \mathbf{R}, +, \times, -, 0, 1 \rangle$ 的子代数。$\langle \mathbf{N} - \{0\}, + \rangle$ 是 $\langle \mathbf{Z}, + \rangle$ 的子代数,但不是 $\langle \mathbf{Z}, +, 0 \rangle$ 的子代数,因为在研究后者的性质时涉及代数常元。

定义 8.3　设 $V = \langle S, f_1, f_2, \cdots, f_k \rangle$ 是一个代数系统,由代数常元和代数运算组成的

代数系统 $V=\langle\{e,\theta\},f_1,f_2,\cdots,f_k\rangle$ 为 V 的子代数，则称这个子代数和 V 自身为 V 的**平凡子代数**。

【例 8.1】 令 $n\mathbf{Z}=\{nk\mid k\in\mathbf{Z}\},n\in\mathbf{N}$，则 $\langle n\mathbf{Z},+,0\rangle$ 是 $\langle\mathbf{Z},+,0\rangle$ 的子代数。

证明：(1) $n\mathbf{Z}\subseteq\mathbf{Z}$。

(2) 对于任意的 nk_1、$nk_2\in n\mathbf{Z}$，都有

$$nk_1+nk_2=n(k_1+k_2)\in n\mathbf{Z}\quad \text{并有}\quad 0=0\cdot n\in n\mathbf{Z}$$

由定义 8.2 知 $\langle n\mathbf{Z},+,0\rangle$ 是 $\langle\mathbf{Z},0\rangle$ 的子代数。

当 $n=0$ 时，$\langle\{0\},+,0\rangle$ 是 $\langle\mathbf{Z},+,0\rangle$ 的最小子代数；当 $n=1$ 时，$\langle n\mathbf{Z},+,0\rangle$ 即 $\langle\mathbf{Z},+,0\rangle$，其他 $\langle n\mathbf{Z},+,0\rangle$ 是 $\langle\mathbf{Z},+,0\rangle$ 的非平凡的真子代数。

定义 8.4 设 $V_1=\langle S_1,\circ\rangle$，$V_2=\langle S_2,*\rangle$ 是代数系统，其中 $\circ$ 和 $*$ 是二元运算，V_1 和 V_2 的**积代数** $V_1\times V_2$ 是一个含二元运算 Δ 的代数系统，即 $V_1\times V_2=\langle S,\Delta\rangle$，其中 $S=S_1\times S_2$，并且对于任意的 $\langle x_1,y_1\rangle$、$\langle x_2,y_2\rangle\in S_1\times S_2$，都有

$$\langle x_1,y_1\rangle\Delta\langle x_2,y_2\rangle=\langle x_1\circ x_2,y_1*y_2\rangle$$

【例 8.2】 设 $V_1=\langle\mathbf{Z},+,*\rangle$，其中 $+$ 和 $*$ 分别表示普通加法和普通乘法，$V_2=\langle\boldsymbol{M}_3(\mathbf{R}),+,\cdot\rangle$，其中 $+$ 和 $\cdot$ 分别表示矩阵加法和矩阵乘法，则

$$V_1\times V_2=\langle\mathbf{Z}\times\boldsymbol{M}_3(\mathbf{R}),\oplus,\otimes\rangle$$

对于任意的 $\langle x_1,y_1\rangle$、$\langle x_2,y_2\rangle\in\mathbf{Z}\times\boldsymbol{M}_3(\mathbf{R})$，都有

$$\langle x_1,y_1\rangle\oplus\langle x_2,y_2\rangle=\langle x_1+x_2,y_1+y_2\rangle$$

$$\langle x_1,y_1\rangle\otimes\langle x_2,y_2\rangle=\langle x_1*x_2,y_1\cdot y_2\rangle$$

例如，

$$\left\langle 5,\begin{bmatrix}1&0&0\\0&1&0\\0&1&1\end{bmatrix}\right\rangle\oplus\left\langle -3,\begin{bmatrix}0&0&1\\0&1&0\\0&0&1\end{bmatrix}\right\rangle=\left\langle 2,\begin{bmatrix}1&0&1\\0&0&0\\0&1&2\end{bmatrix}\right\rangle$$

$$\left\langle 5,\begin{bmatrix}1&0&0\\0&1&0\\0&1&1\end{bmatrix}\right\rangle\otimes\left\langle -3,\begin{bmatrix}0&0&1\\0&1&0\\0&0&1\end{bmatrix}\right\rangle=\left\langle -15,\begin{bmatrix}0&0&1\\0&1&0\\0&1&1\end{bmatrix}\right\rangle$$

8.1.2 代数系统的同态和同构

代数系统的同态与同构就是在两个代数系统间存在着一种特殊的映射——保持运算的映射，它是研究两个代数系统之间关系的强有力工具。

定义 8.5 设 $V_1=\langle S_1,\circ\rangle$，$V_2=\langle S_2,*\rangle$ 是代数系统，其中 $\circ$ 和 $*$ 是二元运算。如果存在映射 $\varphi:S_1\rightarrow S_2$，满足对于任意的 x、$y\in S_1$，都有

$$\varphi(x\circ y)=\varphi(x)*\varphi(y)$$

则称 φ 是代数系统 V_1 到 V_2 的**同态映射**(图 8.1)，简称**同态**。若进一步有 $V_1=V_2$，则称 φ 为**自同态**。

同态映射如图 8.1 所示。例如，$\varphi:\mathbf{R}\rightarrow\mathbf{R}^+$，$\varphi(x)=\mathrm{e}^x$，那么 φ 是 $\langle\mathbf{R},+\rangle$ 到 $\langle\mathbf{R}^+,\cdot\rangle$ 的同态。因为

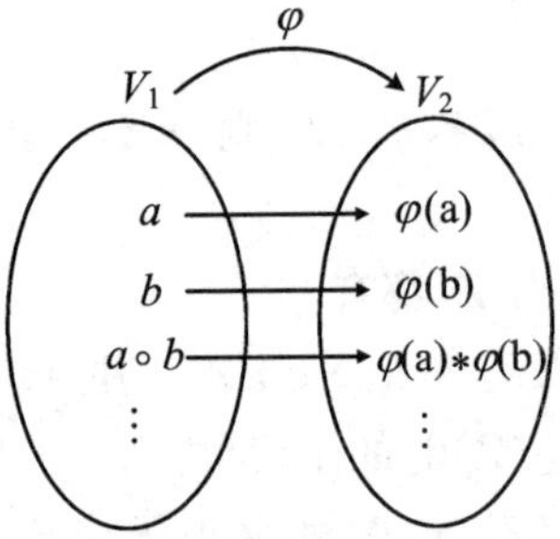

图 8.1　同态映射图示

$$\varphi(x+y)=\mathrm{e}^{x+y}=\mathrm{e}^{x}\cdot\mathrm{e}^{y}=\varphi(x)\cdot\varphi(y)$$

【例 8.3】 设 $V_1=\langle \mathbf{Z},+\rangle$，$V_2=\langle \mathbf{Z}_n,\oplus\rangle$，其中 $\mathbf{Z}_n=\{0,1,2,\cdots,n-1\}$，$+$ 是普通加法，$\oplus$ 为模 n 加运算，即对于任意的 x、$y\in\mathbf{Z}_n$，有

$$x\oplus y=(x+y)\bmod n$$

定义映射 $\varphi:\mathbf{Z}\to\mathbf{Z}_n$，则

$$\varphi(x)=x\bmod n$$

那么 φ 是 V_1 到 V_2 的同态映射。

解　对于任意的 x、$y\in\mathbf{Z}$，有

$$\begin{aligned}\varphi(x+y)&=(x+y)\bmod n\\&=(x\bmod n+y\bmod n)\bmod n\\&=(x\bmod n\oplus y\bmod n)\\&=\varphi(x)\oplus\varphi(y)\end{aligned}$$

定义 8.6　设 φ 是代数系统 $V_1=\langle S_1,\circ\rangle$ 到 $V_2=\langle S_2,*\rangle$ 的同态映射。如果 φ 是单射的，则称 φ 为 V_1 到 V_2 的单同态；如果 φ 是满射的，则称 φ 为 V_1 到 V_2 的满同态，记作 $V_1\overset{\varphi}{\sim}V_2$；如果 φ 是双射的，则称 φ 为 V_1 到 V_2 的同构，记作 $V_1\cong V_2$，若进一步有 $V_1=V_2$，则称 φ 为**自同构**。

例如，$V_1=\langle S_1,\circ\rangle$ 和 $V_2=\langle S_2,\oplus\rangle$ 是代数系统，其中 $S_1=\{a,b,c,d\}$，$S_2=\{0,1,2,3\}$，定义二元运算∘和⊕的运算如表 8.1 和 8.2 所示，试判断 V_1 与 V_2 是否同构。

表 8.1　∘运算表

∘	a	b	c	d
a	a	b	c	d
b	b	d	a	c
c	c	a	d	b
d	d	c	b	a

表 8.2 ⊕运算表

⊕	0	1	2	3
0	0	1	2	3
1	1	3	0	2
2	2	0	3	1
3	3	2	1	0

构造 φ 映射为

$$a \mapsto 0,\quad b \mapsto 1,\quad c \mapsto 2,\quad d \mapsto 3$$

对于任意的 x、$y \in S_1$ 有

$$\varphi(x \circ y) = \varphi(x) \oplus \varphi(y)$$

所以 V_1 与 V_2 同态,又因为 φ 是双射的,故 V_1 与 V_2 同构。

8.2 几个典型的代数系统

本节主要介绍半群与群、环与域、格与布尔代数等典型的代数系统。

8.2.1 半群和群

定义 8.7 (1) 设$\circ$是集合 S 上的二元运算,若$\circ$运算在 S 上是可结合的,则称代数系统 $V=\langle S,\circ\rangle$构成**半群**。

(2) 设 $V=\langle S,\circ\rangle$是半群,若存在 $e\in S$ 为 V 关于$\circ$运算的幺元,则称 $V=\langle S,\circ\rangle$构成**含幺半群或独异点**,有时记为 $V=\langle S,\circ,e\rangle$。

【例 8.4】 (1) 自然数集 $\mathbf{N}$、整数集 $\mathbf{Z}$、有理数集 $\mathbf{Q}$、实数集 $\mathbf{R}$ 关于普通加法或乘法都可以构成半群和独异点,幺元是 0 和 1。正整数集 $\mathbf{Z}^+$ 关于普通乘法可以构成半群和独异点,幺元是 1,而关于加法只能构成半群,没有幺元。

(2) $n(n\geqslant 2)$阶实矩阵集合 $\boldsymbol{M}_n(\mathbf{R})$上的矩阵加法或矩阵乘法都能构成半群和独异点,幺元分别是 0 矩阵和单位矩阵。

(3) 幂集 $P(S)$上的$\cup$、$\cap$和$\oplus$运算都可以构成半群和独异点,幺元是$\varnothing$和全集 S。

(4) $\langle \mathbf{Z}_n,\oplus\rangle$可以构成半群和独异点,其中 $\mathbf{Z}_n=\{0,1,2,\cdots,n-1\}$,$\oplus$为模 n 加法,幺元是 0。

由于半群和独异点中的$\circ$运算在 S 上是可结合的,因此可以任意加括号求其值,即运算满足

$$\begin{aligned}&(x\circ x)\circ(x\circ x\circ x)\\&=x\circ(x\circ x)\circ(x\circ x)\\&=(x\circ x\circ x)\circ(x\circ x)\end{aligned}\tag{8.1}$$

第8章 代数系统基础

故可以定义运算的幂。

在半群中，对于$\forall x \in S, n \in \mathbf{Z}^+$，$x$ 的幂x^n 为

$$x^1 = x$$
$$x^{n+1} = x^n \circ x$$

在独异点 $V = \langle S, \circ, e\rangle$中，定义 $x^0 = e$，此时 n 取值可扩大到 $\mathbf{N}$。结合式(8.1)，易证幂运算满足

$$x^m \circ x^n = x^{m+n}, \quad (x^m)^n = x^{mn} \quad (m, n \in \mathbf{N})$$

群是一类很重要的代数系统，在计算机领域有着广泛的应用。

定义 8.8 $V = \langle G, \circ\rangle$是含二元运算$\circ$的代数系统，如果满足以下条件：

(1) $\circ$运算是可结合的。

(2) 存在 $e \in G$ 是关于$\circ$运算的幺元。

(3) 任何 $x \in G$ 关于$\circ$运算的逆元 $x^{-1} \in G$。

则称 G 构成一个**群**。

【例 8.5】 (1) $\langle \mathbf{Z}, +\rangle$构成的一个群称为整数加群，其中 0 是幺元，对于$\forall x \in \mathbf{Z}$，$-x$ 是 x 的逆元。

(2) $\langle \mathbf{Z}_n, \oplus\rangle$构成的一个群称为模 n 加群，其中 0 是幺元，对于$\forall x \in \mathbf{Z}$，有

$$x^{-1} = \begin{cases} 0 & x = 0 \\ n - x & x \neq 0 \end{cases}$$

(3) $n(n \geqslant 2)$阶实矩阵集合 $\boldsymbol{M}_n(\mathbf{R})$上的矩阵加法能构成群，且称为 n 阶矩阵加群，n 阶全 0 矩阵是幺元，$-\boldsymbol{M}$ 是 $\boldsymbol{M}$ 的逆元。但矩阵乘法不能构成群，因为有些矩阵没有逆元。

(4) 幂集 $P(S)$上的$\oplus$运算构成群，其中$\varnothing$是幺元，对于$\forall x \in S$，x 的逆元就是自身，而$\cup$和$\cap$运算不能构成群，因为并非每个元素都有逆元。

【例 8.6】 令 $G = \{e, a, b, c\}$，二元运算$\circ$的运算表由表 8.3 给出，容易验证：

(1) $\circ$运算是可结合的。

(2) 存在元素幺元 e。

(3) 对于$\forall x \in G$，都有 $x^{-1} = x$。

所以 G 关于$\circ$运算构成群，称为克莱恩(Klein)**四元群**。

表 8.3 克莱恩四元群

$\circ$	e	a	b	c
e	e	a	b	c
a	a	e	c	b
b	b	c	e	a
c	c	b	a	e

下面介绍和群有关的一些概念。

定义 8.9 (1) 若群 G 中只含有一个元素，即 $G = \{e\}$，则称 G 为**平凡群**。

(2) 若群 G 中运算满足交换律，则称 G 为**交换群**或**阿贝尔(Abel)群**。

(3) 群 G 的基数称为群 G 的**阶**，若群 G 的阶是正整数 n，则称 G 为 n **阶群**，记作 $|G|=n$，否则称 G 为**无限群**。

例如，$\langle\{0\},+\rangle$ 是平凡群，整数加群 $\langle \mathbf{Z},+\rangle$ 和模 n 加群 $\langle \mathbf{Z}_n,\oplus\rangle$ 是阿贝尔群，克莱恩四元群也是阿贝尔群。$\langle \mathbf{Z},+\rangle$ 是无限群，$\langle \mathbf{Z}_n,\oplus\rangle$ 是 n 阶群，克莱恩四元群是 4 阶群。

设 G 为群，由于 G 中每个元素都有逆元，我们将独异点中 x^n 的 n 进一步扩充为 $\mathbf{Z}$：

$$x^0 = x$$
$$x^{n+1} = x^n \circ x$$
$$x^{-n} = (x^{-1})^n = (x^n)^{-1}$$

例如，在 $\langle \mathbf{Z},+\rangle$ 中 $2^5=2+2+2+2+2=10$，$\langle \mathbf{Z}_5,\oplus\rangle$ 中 $2^{-3}=(2^{-1})^3=3^3=4$ 或者 $2^{-3}=(2^3)^{-1}=1^{-1}=4$。

设 G 是群，$x\in G$，使得 $x^k=e$ 成立的最小的正整数 k 称为 x 的**元素阶**(或周期)，记作 $|x|=k$。若不存在这样的正整数 k，使得 $x^k=e$ 成立，则称 x 是**无限阶**的。

例如，整数加群 $\langle \mathbf{Z},+\rangle$ 中，只有 0 的阶是 1，其他元素都是无限阶的。在克莱恩四元群中，e 的阶是 1，其他元素的阶是 2。在模 6 加群 $\langle \mathbf{Z}_6,\oplus\rangle$ 中，因为 $2\oplus 2\oplus 2=0$，所以 $|2|=3$，$|3|=2$，$|4|=3$，$|1|=|5|=6$，$|0|=1$。

下面讨论群的性质。

定理 8.1 设 $\langle G,\circ\rangle$ 构成群，对于任意的 x、$y\in G$，有：

(1) $(x^{-1})^{-1}=x$。

(2) $(x\circ y)^{-1}=y^{-1}\circ x^{-1}$。

(3) $x^n\circ x^m=x^{n+m}$ (m、$n\in\mathbf{Z}$)。

(4) $(x^n)^m=x^{nm}$ (m、$n\in\mathbf{Z}$)。

(5) 若 G 是阿贝尔群，则 $(x\circ y)^n=x^n\circ y^n$ ($n\in\mathbf{Z}$)。

证明：这里只证明(2)、(3)，其他留作练习。

(2) 因为

$$(y^{-1}\circ x^{-1})\circ(x\circ y) = y^{-1}\circ(x^{-1}\circ x)\circ y = y^{-1}\circ y = e$$

故得证。

(3) 当 m、$n\in\mathbf{N}$ 时，根据独异点中幂运算性质有 $x^n\circ x^m=x^{n+m}$，下面对 m 或 n 小于 0 时给予验证。不妨设 $n\geqslant 0$，$m<0$，令 $m=-m_1$ ($m_1>0$)，则

$$\begin{aligned} x^n\circ x^m &= x^n\circ x^{-m_1} \\ &= \underbrace{x\circ x\circ\cdots\circ x}_{n个}\underbrace{x^{-1}\circ x^{-1}\circ\cdots\circ x^{-1}}_{m_1个} \\ &= x^{n-m_1} = x^{n+m} \quad (n\geqslant m_1) \end{aligned}$$

同理可讨论 $n<m_1$ 的情况。

定理 8.2 设 $\langle G,\circ\rangle$ 构成群，对于任意的 a、$b\in G$，方程 $a\circ x=b$ 和 $y\circ a=b$ 在 G 中有解且唯一。

易证方程 $a\circ x=b$ 的唯一解是 $x=a^{-1}\circ b$，方程 $y\circ a=b$ 的唯一解是 $x=b\circ a^{-1}$。

【例 8.7】 设 $S=\{1,2,3\}$，在群 $\langle P(S),\oplus\rangle$ 中有方程

$$\{1,2\}\oplus x = \{1,3\}$$

由定理 8.2 有

$$x = \{1,2\}^{-1} \oplus \{1,3\} = \{1,2\} \oplus \{1,3\} = \{2,3\}$$

同理可得方程

$$y \oplus \{1\} = \{2,3\}$$

的解是 $y = \{1,2,3\}$。

定理 8.3 若$\langle G,\circ\rangle$构成群,则对$\circ$满足消去律。

证明: 设 $a\circ b = a\circ c$ 或 $b\circ a = c\circ a$,在方程的左边或右边"乘"a^{-1}即得 $b = c$。

8.2.2 子群、循环群和置换群

定义 8.10 设$\langle G,\circ\rangle$构成群,H 是 G 的子集。如果 H 关于 G 中的运算$\circ$也构成群,则称 H 为 G 的子群,记作 $H\leqslant G$。

子群必定是群,而且二者幺元一致,因为是同一个代数运算。

例如,在整数群$\langle \mathbf{Z},+\rangle$中,取子集 $n\mathbf{Z} = \{nz \mid z \in \mathbf{Z}\}(n \in \mathbf{N})$,则 $n\mathbf{Z}$ 关于加法构成整数群子群,$n = 0$、1 时为平凡子群,除此外为真子群。在克莱恩四元群 $G = \{e,a,b,c\}$ 中,有 5 个子群:

$$\{e\},\quad \{e,a\},\quad \{e,b\},\quad \{e,c\},\quad G$$

其中$\{e\}$、G 是 G 的平凡子群。

下面给出子群判定定理:

定理 8.4 设$\langle G,\circ\rangle$为群,H 是 G 的非空子集。如果对于任意的 x、$y \in H$,都有 $x\circ y^{-1} \in H$,则 H 是 G 的子群。

证明:(1) 非空 H 必存在元素 $a \in H$、$a^{-1} \in G$,因题设 $a\circ a^{-1} = e \in H$,故 H 中存在幺元。

(2) 对于任意的 a、$e \in H$,有 $e\circ a^{-1} = a^{-1} \in H$,故 H 中每个元素存在逆元。

(3) 对于任意的 a、$b \in H$,因为 $b^{-1} \in H$,则 $a\circ(b^{-1})^{-1} = a\circ b \in H$,故运算$\circ$具封闭性。

结合(1)、(2)、(3),再加上运算满足结合律,所以 H 构成群,进而 $H\leqslant G$。

定义 8.11 设$\langle G,\circ\rangle$为群,对于$\forall x \in G$,构造 x 的所有幂组合的集合

$$H = \{x^k \mid k \in \mathbf{Z}\}$$

此 H 为元素 x 生成的**子群**,记作$\langle x\rangle$。在 H 中任取 x^k、x^l,都有

$$x^k \circ (x^l)^{-l} = x^{k-l} \in H$$

根据定理 8.4,可知 $H\leqslant G$。

【例 8.8】 (1) 在克莱恩四元群 $G = \{e,a,b,c\}$中,有 4 个元素生成的子群:

$$\langle e\rangle = \{e\}$$

$$\langle a\rangle = \{a,e\}$$

$$\langle b\rangle = \{b,e\}$$

$$\langle c\rangle = \{c,e\}$$

(2) 在$\langle \mathbf{Z}_6,\oplus\rangle$中,

$$2^2 = 2\oplus 2 = 4$$

$$2^3 = 2\oplus 2\oplus 2 = 0$$

$$2^{-1} = 4$$
$$2^{-2} = 2^{-1} \oplus 2^{-1} = 2$$

因此

$$\langle 2 \rangle = \{0,2,4\} = \langle 4 \rangle$$
$$\langle 3 \rangle = \{0,3\}$$
$$\langle 1 \rangle = \langle 5 \rangle = G$$
$$\langle 0 \rangle = \{0\}$$

定义 8.12 设 G 是群，若 $\exists a \in G$，使得

$$G = \{a^k \mid k \in \mathbf{Z}\}$$

则称 G 为循环群，记作 $\langle a \rangle$，并称 a 是 G 的**生成元**。

循环群 $\langle a \rangle$ 中，若 $|a| = n$，则 $\langle a \rangle = \{e, a, a^2, \cdots, a^{n-1}\}$ 称为 n 阶循环群。若 $|a|$ 不存在，而 $\langle a \rangle = \{e, a, a^{-1}, a^2, a^{-2}, \cdots\}$ 也是无限的，则 $\langle a \rangle$ 称为无限循环群。

例如，整数群 $\langle \mathbf{Z}, + \rangle$ 是无限循环群，1 是它的生成元；模 n 加群 $\langle \mathbf{Z}_n, \oplus \rangle$ 是 n 阶循环群，1 是它的一个生成元。

下面讨论如何取得循环群的生成元。数论中，对于正整数 n，将小于 n 的数中与 n 互质的数的个数记为欧拉函数 $\phi(n)$。

例如，当 $n = 12$ 时，小于 12 的数中与 12 互质的数有 1、5、7、11，所以 $\phi(n) = 4$。

定理 8.5 设 $G = \langle a \rangle$ 是循环群：

(1) 若 G 是无限循环群，则 G 的生成元是 a 和 a^{-1}。

(2) 若 G 是 n 阶循环群，G 有 $\phi(n)$ 个生成元，且仅当 $(r, n) = 1$ 时，a^r 为 G 的生成元。

证明思路：(1) 设 G 是无限循环群，则 G 的生成元是 a。任取 $a' \in \langle a \rangle$，$a^1 = a^t = (a^{-1})^{-t}$，且 a' 同样可以表示成 a^{-1} 的整数次幂，所以 a^{-1} 也是 G 点生成元。

(2) 因为 $(r, n) = 1$，所以存在整数 u、v，使得 $ur + un = 1$，于是有

$$a = a^{ur+un} = (a^r)^u (a^n)^v = (a^r)^u$$

所以对于 $\forall a' \in \langle a \rangle$，都有 $a' = a^t = (a^r)^{ut}$，且 a' 同样可以表示成 a 的整数次幂，所以 a^r 也是 G 点生成元。而 G 中的其他非生成元可生成 G 的各阶子群。一般情况下，对于 n 的每个正因子 d，在 G 中只有一个 d 阶子群，这就是元素 $a^{n/d}$ 生成的子群。

【例 8.9】 (1) 整数群 $\langle \mathbf{Z}, + \rangle$ 是无限循环群，1 和 -1 都是它的生成元。

(2) 设 $G = \langle \mathbf{Z}_{12}, \oplus \rangle$ 是 12 阶循环群，1 是它的一个生成元，$\phi(n) = 4$，与 12 互质的数有 1、5、7、11，由定理 8.5 知，1^1、1^5、1^7 和 1^{11} 都是 G 的生成元，即 1、5、7、11 都是 G 的生成元，所以 $\langle 1 \rangle = \langle 5 \rangle = \langle 7 \rangle = \langle 11 \rangle = G$。

又因 12 的正因子是 1、2、3、4、6、12，则 G 的各阶子群是

$$\langle 1^{12/1} \rangle = \langle 0 \rangle = \{0\}$$
$$\langle 1^{12/2} \rangle = \langle 1^6 \rangle = \{0,6\}$$
$$\langle 1^{12/3} \rangle = \langle 1^4 \rangle = \{0,4,8\}$$
$$\langle 1^{12/4} \rangle = \langle 1^3 \rangle = \{0,3,6,9\}$$
$$\langle 1^{12/6} \rangle = \langle 1^2 \rangle = \{0,2,4,6,8,10\}$$
$$\langle 1^{12/12} \rangle = \langle 1 \rangle = G$$

定义 8.13 设 $S=\{1,2,\cdots,n\}$，S 上的任何双射函数 $\sigma:S\to S$ 构成的 S 上 n 个元素的置换称为 ***n* 元置换**。

例如，$S=\{1,2,3\}$，令 $\sigma:S\to S$，且有

$$\sigma(1)=2,\quad \sigma(2)=3,\quad \sigma(3)=1$$

此置换常被记作

$$\sigma=\begin{pmatrix}1&2&3\\2&3&1\end{pmatrix}$$

一般的 n 元置换可记为

$$\begin{pmatrix}1&2&\cdots&n\\\sigma(1)&\sigma(2)&\cdots&\sigma(n)\end{pmatrix}$$

易见 $\sigma(1)$、$\sigma(2)$、…、$\sigma(n)$ 恰为 1、2、…、n 的一个排列，在 S 上的所有置换和 S 的所有排列之间一一对应，所以有 $n!$ 个 n 元置换。

例如，$\{1,2,3\}$ 上有 3! 个不同的置换，即

$$\sigma_0=\begin{pmatrix}1&2&3\\1&2&3\end{pmatrix},\quad \sigma_1=\begin{pmatrix}1&2&3\\2&1&3\end{pmatrix},\quad \sigma_2=\begin{pmatrix}1&2&3\\3&1&1\end{pmatrix}$$

$$\sigma_3=\begin{pmatrix}1&2&3\\1&3&2\end{pmatrix},\quad \sigma_4=\begin{pmatrix}1&2&3\\2&3&1\end{pmatrix},\quad \sigma_5=\begin{pmatrix}1&2&3\\3&1&2\end{pmatrix}$$

下面再介绍置换的一种记法。设 n 元置换为

$$\tau:a_1\mapsto a_2,a_2\mapsto a_3,\cdots,a_{m-1}\mapsto a_m,a_m\mapsto 1$$

其他元素 a 都有 $a\mapsto a$，那么称

$$\tau=(a_1a_2\cdots a_m)$$

为 m **阶轮换**，当 $m=2$ 时，又称为对换。任意一个 n 元置换均可写成多个 m 阶轮换的形式。

例如，σ 是$\{1,2,\cdots,6\}$上的置换，并且

$$\sigma=\begin{pmatrix}1&2&3&4&5&6\\6&5&4&3&2&1\end{pmatrix}$$

写成轮换形式为

$$\sigma=(16)(25)(34)$$

又如，τ 是$\{1,2,\cdots,6\}$上的置换，且

$$\tau=\begin{pmatrix}1&2&3&4&5&6\\4&5&2&3&1&6\end{pmatrix}$$

写成轮换形式为

$$\tau=(14325)(6)$$

省略一阶轮换，写成更简洁的形式为

$$\sigma=(16)(25)$$

$$\tau=(14325)$$

采用这种记法，$\{1,2,3\}$上的置换可记为

$$\sigma_0=(1),\quad \sigma_1=(12),\quad \sigma_2=(13)$$

$$\sigma_3 = (23),\quad \sigma_4 = (123),\quad \sigma_5 = (132)$$

设 $S=\{1,2,\cdots,n\}$，S 上的 $n!$ 个置换构成集合 S_n，对于任意的 n 元置换 σ、$\tau \in S_n$，定义$\circ$为 σ 和 τ 的函数复合。

例如，

$$(13)\circ(12) = (123)$$
$$(12)\circ(13) = (132)$$
$$(1234)\circ(1234) = (13)(24)$$
$$(132)(5678)\circ(18246573) = (15728)(3)(4)(6) = (15728)$$

显然置换函数的复合 $\sigma\circ\tau$ 还是 S 上的 n 元置换，所以 S_n 对运算$\circ$是封闭的，且$\circ$是可结合的。对于 S_n 中的恒等置换 $I_s=(1)$，任取置换 $\sigma \in S_n$，有

$$\sigma\circ I_s = I_s\circ\sigma = \sigma$$

所以 $I_s=(1)$是 S_n 中的幺元，且 σ 的逆置换

$$\sigma^{-1} = \begin{pmatrix}\sigma(1) & \sigma(2) & \cdots & \sigma(n)\\ 1 & 2 & \cdots & n\end{pmatrix}$$

就是 σ 的逆元。因此 S_n 上全体置换关于运算$\circ$构成一个群，称为 n 元**对称群**，它的任何子群(部分置换)称为 S 上的 n 元**置换群**。

例如，

$$S_3 = \{(1),(12),(13),(123),(132)\}$$

S_3的运算表如表 8.4 所示。

表 8.4　S_3运算表

$\circ$	(1)	(12)	(13)	(23)	(123)	(132)
(1)	(1)	(12)	(13)	(23)	(123)	(132)
(12)	(12)	(1)	(132)	(123)	(23)	(13)
(13)	(13)	(123)	(1)	(132)	(12)	(23)
(23)	(23)	(132)	(123)	(1)	(13)	(12)
(123)	(123)	(13)	(23)	(12)	(132)	(1)
(132)	(132)	(23)	(12)	(13)	(1)	(123)

8.2.3　环和域

8.2.1 小节的半群与群，分别定义了“半个”二元运算(一个加法半群——只有加法，无减法)和一个二元运算(一个加法群——有加减法)代数系统，这对一般数的集合是远远不够的。因此有必要研究具有多个运算的代数系统。本小节将讨论包含两个二元运算的特殊代数系统——环与域，两者分别定义了“一个半”运算(一个加法群，一个乘法半群——有乘无除)和两个运算(一个加法群——有加减法，一个乘法群——有乘除法)。环在计算机科学和编码理论的研究中有许多应用。

定义 8.14　设$\langle R,+,\cdot\rangle$是含两个二元运算的代数系统，如果：

(1) $\langle R, +\rangle$构成阿贝尔群。

(2) $\langle R, \cdot\rangle$构成半群。

(3) R 中的运算 · 对 + 满足分配律。

则称$\langle R, +, \cdot\rangle$是环,并称 + 和 · 分别为环中的加法和乘法。

【例 8.10】 (1) $\langle \mathbf{Z}, +, \cdot\rangle$是环,因为整数可做加减乘法运算,不能做除法运算,所以乘法只能构成半群,该环称为整数环。$\langle \mathbf{Q}, +, \cdot\rangle$、$\langle \mathbf{R}, +, \cdot\rangle$和$\langle \mathbf{C}, +, \cdot\rangle$分别称为有理数环、实数环和复数环。

(2) $\langle \boldsymbol{M}_n(\mathbf{R}), +, \cdot\rangle$是环,其中 $\boldsymbol{M}_n(\mathbf{R})$为 $n(n\geqslant 2)$阶实矩阵集合,+ 和 · 表示矩阵加法和矩阵乘法,但矩阵乘法只能构成半群,因为有些矩阵没有逆元。

(3) $\langle \mathbf{Z}_n, \oplus, \odot\rangle$是模 n 整数环,$\mathbf{Z}_n=\{0,1,\cdots,n-1\}$,模加和模乘定义为:对于任意的 x、$y\in\mathbf{Z}_n$,有

$$x\oplus y=(x+y)\bmod n$$
$$x\odot y=(xy)\bmod n$$

(4) $\langle P(S), \oplus, \cap\rangle$构成环,其中的$\oplus$为对称差运算。

设$\langle R, +, \cdot\rangle$是环,如果环中乘法满足除结合律以外的其他算律,就得到一些特殊的环。

如果乘法 · 适合交换律,则称 R 是**交换环**。如果 R 对于乘法有幺元,则称 R 是**含幺环**。为了区别含幺环中加法幺元和乘法幺元,通常把加法幺记作 0,乘法幺元记作 1。可以证明加法幺元 0 恰好是乘法的零元。

定义 8.15 设 a、b 是环R 中的两个非零元素。如果 $ab=0$,则称 a 是R 中的一个**左零因子**,b 是R 中的一个**右零因子**。若一个元素既是左零因子又是右零因子,则称它是一个**零因子**。

例如,在$\langle \mathbf{Z}_6, \oplus, \odot\rangle$环中,$2\odot 3=0$,但 2 和 3 均不为 0,所以 2 是左零因子,3 是右零因子,又由于$\odot$满足交换律,所以 2 和 3 都是零因子。在$\langle \boldsymbol{M}_n(\mathbf{R}), +, \cdot\rangle$环中,同样存在两个非零矩阵 M_1和 M_2,使得 $M_1\cdot M_2=0$,所以 M_1和 M_2都是零因子。

定义 8.16 设 R 是一个环,对于$\forall ab=0$,有 $a=0$ 或 $b=0$,则称 R 是一个无零因子环。

不难看出,无零因子环就是不含有左零因子和右零因子的环。例如,整数环、有理数环、实数环、复数环等,都是无零因子环。可以证明当 p 是素数时,$\langle \mathbf{Z}_p, \oplus, \odot\rangle$是个无零因子环,如$\langle \mathbf{Z}_5, \oplus, \odot\rangle$。

定义 8.17 设环 R 同时是交换环、含幺环和无零因子环,则称 R 是整环。

定义 8.18 设 R 是一个环,如果:

(1) R 至少包含一个不为 0 的元。

(2) R 有一个幺元。

(3) R 每一个非零元都有逆元。

则称 R 是一个除环。

除环具有以下性质:

(1) 除环无零因子。因为 $a\neq 0$ 时,$ab=0\Rightarrow a^{-1}ab=0\Rightarrow b=0$。

(2) 除环 R 的非零元对乘法来说构成一个群,称为除环 R 的乘法群。这样除环就

定义了两个完整的运算——加法群和乘法群。

定义 8.19 一个交换除环称作一个域。

例如,$\langle \mathbf{Z}, +, \cdot \rangle$是整环不是域。因为乘法可交换,1 是幺元,且不含零因子,但是任何整数除了 ± 1 之外没有乘法的逆元。而$\langle \mathbf{R}_p, +, \cdot \rangle$是域,即实数域,因为对于$\forall x \in \mathbf{R}(x \neq 0)$,有 $x^{-1} = \dfrac{1}{x} \in \mathbf{R}$。

【例 8.11】 设 S 为下列集合(其中 + 和 · 分别为普通加法和乘法):

(1) $S = \{x \mid x = 2n, n \in \mathbf{Z}\}$。

(2) $S = \{x \mid x = 2n + 1, n \in \mathbf{Z}\}$。

(3) $S = \{x \mid x \geqslant 0, x \in \mathbf{Z}\}$。

(4) $S = \{x \mid x = a + b\sqrt{3}, a, b \in \mathbf{Q}\}$。

问 S 和 + 、· 能否构成整环? 能否构成域? 为什么?

解 (1) S 不是整环也不是域,因为乘法幺元是 1,而 $1 \notin S$。

(2) S 不是整环也不是域,因为 S 不是环,普通加法在 S 上不封闭且幺元是 0,而 $0 \notin S$。

(3) S 不是环,因为除 0 以外任何整数 x 的加法逆元是 $-x$,而 $-x \notin S$。S 当然也不是整环和域。

(4) S 是域,对于任意的 x_1、$x_2 \in S$,有

$$x_1 = a_1 + b\sqrt{3}, \quad x_2 = a_2 + b\sqrt{3}$$

$$x_1 + x_2 = (a_1 + b_1) + (b_1 + b_2)\sqrt{3}$$

$$x_1 \cdot x_2 = (a_1 a_2 + 3 b_1 b_2) + (a_1 b_2 + a_2 b_1)\sqrt{3} \in S$$

则 S 对 + 和 · 是封闭的。又乘法幺元 $1 \in S$,易证$\langle S, +, \cdot \rangle$是整环。对于$\forall x \in S, x \neq 0$, $x = a + b\sqrt{3}$,有

$$\frac{1}{x} = \frac{1}{a + b\sqrt{3}} = \frac{a - b\sqrt{3}}{a^2 - 3b^2} = \frac{a}{a^2 - 3b^2} - \frac{b}{a^2 - 3b^2}\sqrt{3} \in S$$

所以$\langle S, +, \cdot \rangle$构成域。

习 题 8

1. 设$\langle V, +, 0 \rangle$,令 $n\mathbf{Z} = \{n\mathbf{Z} \mid z \in \mathbf{Z}\}$,$n$ 为自然数,证明 $n\mathbf{Z}$ 是 V 的子代数。

2. 设 $f: R \to R$ 定义为对于$\forall x \in R$,有 $f(x) = 5^x$,那么,f 是从$\langle R, + \rangle$到$\langle R, \cdot \rangle$的一个单同态,其中 + 和 · 分别为普通的加法和乘法运算。

3. $\langle \mathbf{Q}, + \rangle$是有理数加法代数系统,$\langle \mathbf{Q}^*, \times \rangle$是非零有理数乘法代数系统。证明:不存在从$\langle \mathbf{Q}, + \rangle$到$\langle \mathbf{Q}^*, \times \rangle$的同构映射。

4. 设$\langle G, * \rangle$是群,且$|G| > 1$,e 为其单位元,证明$\langle G, * \rangle$中没有零元。

5. 在自然数集 $\mathbf{N}$ 上定义运算 $\vee$ 和 $\wedge$ 如下:

$$a \vee b = \max\{a, b\}, \quad a \wedge b = \min\{a, b\}$$

试问$\langle G, * \rangle$和$\langle G, * \rangle$是半群吗? 若是,是有幺半群吗?

6. 证明:若 G 是 n 阶循环群,则对于 n 的任何因子 m,都有 G 的元素 c,使得 $|c| = m$。

7. 如图 8.2 所示，一个 2×2 的方格棋盘可以围绕它的中心旋转，也可以围绕它的对称轴翻转，但经过旋转或翻转后仍要与原来的方格重合(方格中的数字可以改变)。如果把每种旋转或翻转看作是作用在$\{1,2,3,4\}$上的置换，求所有这样的置换，并证明它构成一个置换群。

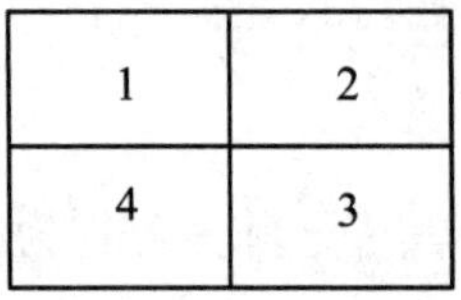

图 8.2　2×2 的方格棋盘

8. 代数系统$\langle S,*\rangle$中 $S=\{a,0,1\}$，运算 $*$ 由表 8.5 定义。

表 8.5

$*$	a	0	1
a	a	0	1
0	0	0	0
1	1	0	1

(1) 证明$\langle S,*\rangle$是独异点。

(2) 考虑子代数$\langle\{a,0\},*\rangle$和$\langle\{0,1\},*\rangle$，它们是独异点吗？若是，它们是$\langle S,*\rangle$的子独异点吗？

9. 在整数环中定义 $*$ 和 $\Diamond$ 两个运算，对于任意的 a、$b\in\mathbf{Z}$，有

$$a*b=a+b-1,\quad a\Diamond b=a+b-ab$$

证明$\langle\mathbf{Z},*,\Diamond\rangle$构成环。

10. 设$\langle A,+,*\rangle$为一代数系统，其中 $+$、$*$ 分别为普通的加法和乘法运算，A 为下列集合：

(1) $A=\{x\mid x\geqslant0,x\in\mathbf{Z}\}$。

(2) $A=\{x\mid x=2n,n\in\mathbf{Z}\}$。

(3) $A=\{x\mid x=2n+1,n\in\mathbf{Z}\}$。

(4) $A=\{x\mid x=a+b+b\sqrt{3},a,b\in\mathbf{R}\}$。

判断$\langle A,+,*\rangle$是否为整环，并说明理由。

参考文献

[1] 耿素云,屈婉玲,张立昂.离散数学[M].北京:清华大学出版社,2013.
[2] 傅彦.离散数学基础及应用[M].成都:电子科技大学出版社,2000.
[3] 左孝凌,李为鉴,刘永才.离散数学[M].上海:上海科学技术文献出版社,1982.
[4] 陈志奎.离散数学[M].北京:人民邮电出版社,2013.
[5] 罗森.离散数学及其应用[M].徐六通,等,译.北京:机械工业出版社,2015.
[6] 殷剑宏.离散数学[M].合肥:中国科学技术大学出版社,2013.
[7] 赵一鸣,阚海斌,吴永辉.离散数学[M].北京:人民邮电出版社,2011.
[8] 孙道德,王敏生.离散数学[M].合肥:中国科学技术大学出版社,2010.